丽江古树

LIJIANG GUSHU

主　编　邓莉兰　张存正
副主编　区　智　阿　辉

科学出版社
北　京

内 容 简 介

本书收录了丽江市所辖地古树名木885株，树龄少则上百年，多则近千年。经鉴定，这些古树名木不仅具有较高的观赏和经济价值，还有较高的文化价值。通过调查和分析，本书提出了古树的保护措施和途径，为丽江市古树的有效保护提供了生态学依据，对我国古树群的保护也有一定的借鉴意义。

本书可作为林学、人类生态学、植物学等相关专业的参考用书，也可以作为从事古树研究的专业人员和各林业部门工作人员的参考用书。

图书在版编目(CIP)数据

丽江古树 / 邓莉兰，张存正主编. -- 北京 : 科学出版社，2014.5

ISBN 978-7-03-040569-2

Ⅰ.①丽… Ⅱ.①邓… ②张… Ⅲ.①树木－介绍－丽江市 Ⅳ.①S717.274.3

中国版本图书馆CIP数据核字(2014)第092160号

责任编辑：杨 岭 刘 琳 / 责任校对：刘 琳

责任印刷：余少力 / 封面设计：墨创文化

科学出版社 出版

北京东黄城根北街16号

邮政编码：100717

http://www.sciencep.com

成都创新包装印刷厂印刷

科学出版社发行 各地新华书店经销

*

2014年 5月 第 一 版 开本：889*1194 1/16

2014年5月第一次印刷 印张：16.25

字数：400 千字

定价：198.00元

（如有印装质量问题，我社负责调换）

《丽江古树》编委会

前言

丽江是中国历史文化名城，丽江古城是世界文化遗产，已有800多年的历史。

丽江位于青藏高原南缘、横断山区腹地、云南西北中部，总面积20 600km²，辖古城区、玉龙纳西族自治县、永胜县、华坪县、宁蒗彝族自治县。市区坐落在古城区和玉龙县境内。

在丽江城市发生发展过程中，蕴育了深厚的纳西族传统文化，形成了与特有东巴文化有密切联系的树崇拜和保护树木的优良传统，象征着长寿、富贵、健康及可避疾病、灾难、鬼魂等的树种均被当成神树供奉、崇拜，如：松树、柏树、高山栲、黄背栎等树种的枝、叶均可以用来在祭天、祭祖、喜庆等场所燃烧，以求平安吉祥、风调雨顺、五谷丰登，并规定水源林、宗教活动的庙、祠及人文圣境（玉峰寺、普济寺、文峰寺、文笔山）、祭祀场的山林、玉湖的祭天场、祖坟所处的山林等重要场地所存植的树木均禁止砍伐。正是因为这些传统与习俗有效保存了丽江的古树。

在丽江市区境内现有古树中，形成了众多的古树群，如干香柏古树群，高山栲古树群，侧柏古树群等。这些古树的存在见证了丽江800多年的历史，记载了丽江风霜雨雪的沧桑历程，同时蕴藏了丽江人的风俗文化，寄托了丽江各族人民世世代代的期望，因而是丽江极其宝贵的资源。

为了更好地保护和利用这些古树名木资源，由西南林业大学与丽江市住房和城乡建设局联合开展了丽江市城市古树名木调查研究，经过调查组艰苦细致的工作和考察，取得了第一手调查资料，并通过认真整理与科学分析，形成了本研究成果。这一研究成果现由科学出版社出版，供相关部门和广大读者编著研究和参考，若能发挥其价值，作者甚幸，并期望以此为我国古树研究和丽江的发展做出自己的一点贡献。

由于作者水平所限，书中定存不足之处，恳请读者批评指正。

目录
mulu

丽江 市城市概况

一、丽江市自然地理条件

（一）地理位置

云南省丽江市位于青藏高原南缘、滇西北中部，在北纬25°59′～27°56′、东经99°23′～101°31′之间。东部与四川省攀枝花市及凉山彝族自治州接壤，南部与大理白族自治州剑川、鹤庆、宾川三县及楚雄彝族自治州大姚、永仁两县毗邻，西部与怒江傈粟族自治州兰坪县及迪庆州香格里拉县隔金沙江相望。

云南省丽江市区位图

丽江市在云南省的位置

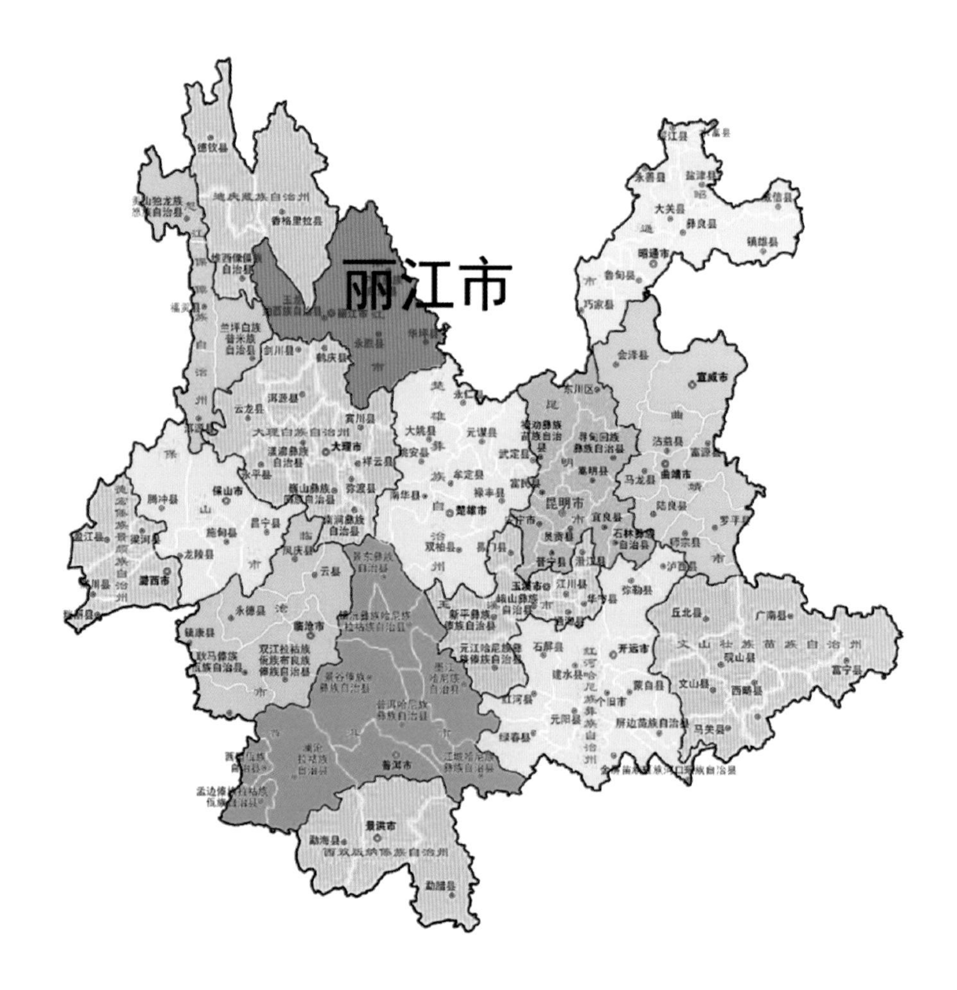

（二）气候条件

丽江虽处低纬度地区，但海拔较高，加上地势北高南低，山川纵横交错，因而气候区域差异和垂直差异明显，全区兼有亚热带、温带、寒带三种气候带类型。就全市范围看，西北温寒，东南暖热，玉龙雪山常年积雪，为寒带高山气候；平坝及半山区凉爽宜人，属温带高原山地气候；金沙江河谷干燥炎热，属亚热带气候。个别地方，则三种气候并存，比如金沙江虎跳峡，谷底海拔1500～1700m，两侧的哈巴雪山和玉龙雪山海拔分别为5396m和5596m，相对高差达4000m，江滩是亚热带气候，随海拔上升，依次有温带、寒带气候，山顶则是高山苔原带和终年积雪的雪山冰漠带气候，体现出典型的“一山分四季”和“立体气候”特色。

（三）水资源

全市河流分属于金沙江水系、雅砻江水系和澜沧江水系，其中较大的河流主要有古城区的金庄河、冲江河、黑白水河，永胜县的五郎河、仁里河（马过河），华坪县的新庄河、鲤鱼河、乌木河，以及先流入雅砻江再归入金沙江的宁蒗白渠河、永宁河等。境内天然湖泊主要有永胜程海、宁蒗泸沽湖、丽江拉市海，另有文笔水库、清溪水库、羊坪水库、务坪水库等中小型人工水库，像一颗颗明珠点缀在重峦叠嶂的大地上，显得格外瑰丽晶莹。

在群山环抱之中，或沿江河，或在湖泊周围，分布着大大小小的断陷盆地，俗称“坝子”。全市面积在1km^2以上的坝子共有111个，其中最大的是丽江坝子，有198.63km^2。这些坝子大都地势平坦连片，常有河流蜿蜒其中，气候温和，土壤肥沃，是城镇所在地和主要产粮区。

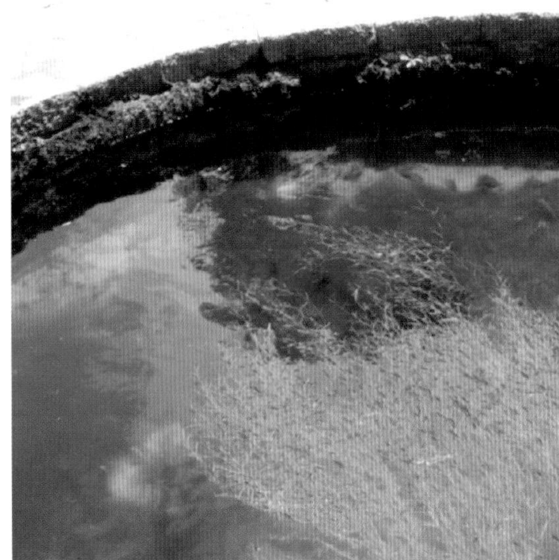

（四）降水

由于冬、夏控制丽江市的气团性质截然不同，形成了冬干夏雨、干湿季分明的季风气候。丽江年均降雨量为910～1040mm，6～9月为雨季，来自印度洋及南海太平洋的暖湿气流，带来丰沛的水汽，使境内湿度变大，云雨增多，降雨量占全年的85%以上，7～8月特别集中；11月至次年4月为干季，受印度大陆北部干暖气流控制，天晴日暖，雨雪量少，故常有春旱出现。

（五）日照

丽江坝子年日照时数为2530h，光能充足，丽江、华坪两县更高，年均在2500h以上，丽江平均海拔高，全区太阳辐射较强，以每年3～5月最强。年太阳辐射量每平方厘米为146.5kcal，为全省最高值区。加之丽江工业不多，自然环境很少受污染，空气清闲洁净，到处青山碧水，四季庄稼生长，尤其冬春二季，天空分外湛蓝，阳光充足明媚，令人赏心悦目。

（六）土壤

区内共有16个土类，28个亚类，72个土属和168个土种，从燥热稀树草原河谷的燥红土到终年积雪冰冻的寒漠土、冰沼土均有分布。亚高山寒漠土、亚高山草甸土面积为100多万亩，主要分布在丽江、宁蒗两县海拔在3500m以上的玉龙山、老君山、药山等，这类土壤上天然草原和高山药材比较丰富，有雪莲花、雪茶、绿绒蒿、贝母、虫草、金不换、小黄连、草乌等名贵野生药材。冷凉中山山地棕壤、暗棕壤、棕色暗针叶林土，面积159.3万亩，主要分布在海拔2600～3900m的丽江、宁蒗两县山区。

二、城市基本概况

（一）城市历史沿革

丽江，汉属越巂、益州二郡，蜀汉、晋属云南郡。唐南诏置铁桥节度，后改剑川节度。宋大理属善巨郡，谋统府及么些部地。元宪宗四年（1254年）立茶罕章管民官，至元八年（1271年）改为丽江宣慰司，十三年（1276年）改置丽江路军民总管府。明洪武十五年（1382年）置丽江府，后改为丽江军民府，属云南布政使司，因金沙江流经境内，金沙江古名丽水，故而得名。

1949年7月1日，丽江县解放，属滇西北人民专员公署管辖。1949年12月28日，成立丽江人民行政专员公署，1950年5月改为丽江区行政督察专员公署，专署驻丽江县，1980年设立丽江地区行政公署。

2002年12月26日，国务院批准（国函[2002]122号）：（1）撤销丽江地区和丽江纳西族自治县，设立地级丽江市。市人民政府驻新设立的古城区福慧路。（2）丽江市设立古城区。古城区辖原丽江纳西族自治县的大研镇、龙山乡、七河乡、大东乡、金山白族乡、金江白族乡。区人民政府驻大研镇福慧路。（3）设立玉龙纳西族自治县。玉龙纳西族自治县辖原丽江纳西族自治县的黄山镇、石鼓镇、巨甸镇、白沙乡、拉市乡、太安乡、龙蟠乡、金庄乡、鲁甸乡、塔城乡、大具乡、宝山乡、奉科乡、鸣音乡、石头白族乡、仁和傈僳族、黎明傈僳族乡、九河白族乡。县人民政府驻黄山镇。（4）丽江市辖原丽江地区的永胜县、华坪县、宁蒗黎族自治县和新设立的古城区、玉龙纳西族自治县。

2003年10月9日，云南省人民政府批复同意撤销古城区大研镇建制；2003年10月27日，丽江市人民政府批复同意设立古城区束河、西安、大研、祥和四个街道办事处；2004年7月20日，云南省人民政府批复同意龙山乡更名为金安乡。

（二）城市特色

古城丽江把经济和战略重地与崎岖的地势巧妙地融合在一起，真实、完美地保存和再现了古朴的风貌。古城的建筑历经历朝历代的洗礼，饱经沧桑，融汇了各个民族的文化特色而声名远扬。被称为“保存最为完好的四大古城”之一，它是中国历史文化名城中唯一没有城墙的古城，据说是因为丽江世袭统治者姓木，筑城势必如木字加框而成“困”字之故。丽江古城的纳西名称叫“巩本知”，“巩本”为仓廪，“知”即集市，可知丽江古城曾是仓廪集散之地。自古就是远近闻名的集市和重镇。其中，纳西族人口占总人口绝大多数，有30%的居民仍在从事以铜银器制作、皮毛皮革、纺织、酿造业为主的传统手工业和商业活动。

丽江古城是一座具有较高综合价值和整体价值的历史文化名城，它集中体现了地方历史文化、民族风俗风情及当时社会进步的本质特征。流动的城市空间、充满生命力的水系、风格统一的建筑群体、尺度适宜的民居建筑、亲切宜人的空间环境以及独具风格的民族艺术等内容，使其有别于中国其他历史文化名城。古城建设祟自然、求实效、尚率直、善兼容的可贵特质更体现特定历史条件下的城镇建筑中所特有的人类创造精神和进步意义。丽江古城是具有重要意义的少数民族传统聚居地，它的存在为人类城市建设史、人类民族发展史的研究提供了宝贵资料，是珍贵的文化遗产，是中国乃至世界的瑰宝，被列入《世界遗产名录》。

（三）城市建设目标

根据《丽江城市总体规划（2004～2020）》，丽江的城市性质确定为：以世界遗产为依托的发展中的国际旅游城市；具有鲜明地方民族特色，融“山水田城”为一体的国家历史文化名城；丽江市政治中心，滇西北重要的经济、文化、交通、信息中心。将来丽江市将朝着以下四个大方向发展：

1.国际精品旅游城市——大香格里拉旅游中心城市

作为拥有“世界遗产”称号的丽江市，“丽江旅游”已经具有强大的国内影响力，并初具一定的国际影响力，应充分利用好这一优势，通过不懈的努力，逐步将这一品牌打造成世界性的品牌，使丽江在“大香格里拉旅游环线”中脱颖而出，发展为国际精品旅游城市。

2.富有文化特色的城市——国际影响较大的历史文化名城

丽江市是国家历史名城，有丰厚、独特而宝贵的民族文化和历史文化资源，有发展成为具国际影响力特色城市的条件和潜力。在全球日益重视地方文化和城市特色的情况下，强调丽江的文化特色，不仅能充分展示丽江城市的特殊魅力，也是在竞争中做好做强特色丽江的必要环节。

3.具有良好的人居环境，适合人居住的生态型城市

建设良好的人居环境城市就是要达到人与自然和谐共生，提出“生态型城市”的建设目标，既发挥了丽江的环境优势，也体现了以人为本可持续发展的要求。

4.高新生物研发基地和金沙江水能开发后勤保障基地

丽江具有丰富的生物多样性及生物资源，为高新生物产品的研发提供了重要的物质保障，且丽江已经具备了一定的科技实力，可以为高新生物产业的研发提供必要的技术支持。丽江市是距离金沙江水能开发最近的一个地级城市，把握契机，发挥优势，有利于金沙江水能开发项目的顺利进行，也有利于丽江城市经济的发展。

古城风貌

丽江古树名木分析

一、古树种类与数量

通过对丽江市所辖古城区、玉龙县及白沙乡、青溪村、拉市乡等范围内的古树名木的生长位置、树高、胸径（地径）、冠幅、长势等进行调查，得到古树名木885株（附表一），其中，古树838株，分别有：高山栲（*Castanopsis delavayi*）445株、干香柏（*Cupressus duclouxiana*）116株、侧柏（*Platycladus orientalis*）82株等（表1），共计38种，分属20科，34属。其中，裸子植物2科，4种，共200株；被子植物18科，34种，共638株；落叶树种20种，常绿树种18种。此外，有名木47株，为丽江云杉（*Picea likiangensis*）名木群。

高山栲古树群

调查访问

数据记录

表1 丽江市古树名木种类与数量表

编号	中文名	拉丁名（学名）	科名	属名	株数
1	高山栲	*Castanopsis delavayi*	壳斗科	栲属	445
2	干香柏	*Cupressus duclouxiana*	柏科	柏木属	116
3	侧柏	*Platycladus orientalis*	柏科	侧柏属	82
4	昆明朴	*Celtis kunmingensis*	榆科	朴属	37
5	滇楸	*Catalpa fargesii* f. *ducloixii*	紫葳科	梓属	26
6	国槐	*Sophora japonica*	蝶形花科	槐属	16
7	梅	*Armeniaca mume*	蔷薇科	杏属	13
8	桂花	*Osmanthus fragrans*	木犀科	木犀属	11
9	头状四照花	*Dendrobenthamia capitata*	山茱萸科	四照花属	11
10	山玉兰	*Magnolia delavayi*	木兰科	木兰属	10
11	紫薇	*Lagerstroemia indica*	千屈菜科	紫薇属	9
12	银杏	*Ginkgo biloba*	银杏科	银杏属	7
13	君迁子	*Diospyros lotus*	柿树科	柿树属	7
14	红花高盆樱桃	*Cerasus cerasoides* var. *rubea*	蔷薇科	樱属	7
15	云南含笑	*Michelia yunnanensis*	木兰科	含笑属	6
16	小叶青皮槭	*Acer cappadocicum*.var.*sinicum*	槭树科	槭树属	4
17	滇石栎	*Lithocarpus dealbatus*	壳斗科	石栎属	3
18	碧桃	*Amygdalus persica* var. *persica f. duplex*	蔷薇科	桃属	3
19	香樟	*Cinnamomum camphora*	樟科	樟属	3
20	云南移栋	*Docynia delavayi*	蔷薇科	移　属	2
21	藤萝	*Wisteria villosa*	蝶形花科	紫藤属	2
22	柽柳	*Tamarix chinensis*	柽柳科	柽柳属	2
23	云南山茶	*Camellia reticulata*	山茶科	山茶属	1
24	野桂花	*Osmanthus yunnanensis*	木犀科	木犀属	1
25	杏梅	*Armeniaca mume* var. *bungo*	蔷薇科	杏属	1
26	白玉兰	*Magnolia denudata*	木兰科	木兰属	1
27	桃	*Amygdalus persica*	蔷薇科	桃属	1
28	圆柏	*Sabina chinensis*	柏科	圆柏属	1
29	枇杷	*Eriobotrya japonica*	蔷薇科	枇杷属	1
30	西府海棠	*Malus micromalus*	蔷薇科	苹果属	1
31	滇皂荚	*Gleditsia japonica* var. *delavayi*	苏木科	皂荚属	1
32	黄背栎	*Quercus pannosa*	壳斗科	栎属	1
33	常绿假丁香	*Ligustrum sempervirens*	木犀科	女贞属	1
34	核桃	*Juglans regia*	胡桃科	胡桃属	1
35	棠梨	*Pyrus pashia*	蔷薇科	梨属	1
36	云南松	*Pinus yunnanensis*	松科	松属	1
37	石楠	*Photinia serrulata*	蔷薇科	石楠属	1
38	云南柳	*Salix cavaleriei*	杨柳科	柳属	1
名1	丽江云杉	*Picea likiangensis*	松科	云杉属	47
合计		39种	20科	35属	885

调查所得的838株古树中，后备树种有81株（包含1个古树群），占古树总数的9.67%；三级古树有367株（包含6个古树群），占古树总数的43.79%；二级古树有349株（包含7个古树群），占古树总数的41.65%；一级古树有41株（包含1个古树群），占古树总数的4.90%（表2）。

表2 丽江市古树所在区域及等级株数表

地点	一级古树 (500 年以上)	二级古树 (300～499 年)	三级古树 (100～299 年)	后备古树 (100 年以下)	合计
古城区黑龙潭公园		206	5	6	217
古城区丽江地震局		25			25
古城区丽江师专		80			80
古城区西安街道办事处清溪村			7	2	9
古城区清溪小学			31		31
古城区狮子山	1	3	18		22
古城区新华街			1		1
古城区万古楼至木府山坡	34			67	101
古城区木府	3	2	3		8
古城区现文小学		1	1		2
古城区光义街		1		1	2
古城区白马龙潭寺		2		1	3
古城区大研街道办事处光义社区			2		2
古城区束河街道办事处古城大石桥				2	2
古城区新义街			1		1
古城区新仁小学			10		10
古城区五一街			9	1	10
古城区原丽江武警枝队			2		2
古城区义尚街			1		1
古城区义尚社区			3		3
古城区义尚居民委员会			1		1
古城区黄山幼儿园			3		3
古城区丽江市第一中学			22		22
古城区粮食局			1		1
古城区北门街			4		4
古城区丽江市委党校			77		77
古城区原丽江水运处			53		53
古城区西安街			4		4
古城区下八河			6		6
古城区祥和街道靴顶寺			2		2

续表

地点	一级古树（500年以上）	二级古树（300~499年）	三级古树（100~299年）	后备古树（100年以下）	合计
古城区祥云小学			1		1
古城区祥云街				1	1
古城区束河完小		2			2
古城区束河大觉宫			6		6
古城区束河三圣宫			21		21
古城区束河普济完小		1			1
古城区束河中济村	1				1
玉龙县白沙乡玉峰寺		1	4		5
玉龙县白沙乡	2	25	26		53
玉龙县拉市乡			19		19
玉龙县黄山镇			17		17
玉龙县下束河			6		6
总计（株）	41	349	367	81	838

丽江市有15个古树群，共计611株，主要树种为高山栲（*Castanopsis delavayi*）、干香柏（*Cupressus duclouxiana*）、头状四照花（*Dendrobenthamia capitata*）等5种（表3）。

表3 丽江市古树群所在区域及等级表

序号	地点	树种	拉丁学名	株数	古树级别
1	古城区万古楼至木府山坡	干香柏	*Cupressus duclouxiana*	34	一级古树
2	古城区黑龙潭解说林	高山栲	*Castanopsis delavayi*	45	二级古树
3	古城区黑龙潭志刚书斋	高山栲	*Castanopsis delavayi*	49	二级古树
4	古城区黑龙潭珍珠泉边	高山栲	*Castanopsis delavayi*	109	二级古树
5	古城区丽江地震局院内	高山栲	*Castanopsis delavayi*	25	二级古树
6	古城区丽江师专礼堂前	高山栲	*Castanopsis delavayi*	17	二级古树
7	古城区丽江师专球场旁	高山栲	*Castanopsis delavayi*	63	二级古树
8	古城区普济寺内	头状四照花	*Dendrobenthamia capitata*	10	二级古树
9	古城区丽江清溪小学旁	干香柏	*Cupressus duclouxiana*	31	三级古树
10	古城区丽江市第一中学	滇楸	*Catalpa fargesii* f. *ducloixii*	16	三级古树
11	古城区丽江市委党校内	高山栲	*Castanopsis delavayi*	64	三级古树
12	古城区丽江市委党校外	高山栲	*Castanopsis delavayi*	13	三级古树
13	古城区原丽江水运处	高山栲	*Castanopsis delavayi*	53	三级古树
14	古城区束河三圣宫	干香柏	*Cupressus duclouxiana*	15	三级古树
15	古城区万古楼至木府山坡	侧柏	*Platycladus orientalis*	67	后备古树
合计		5种		611株	

树名
（古老用名）
栽培于文昌宫大门
留下了许多美丽动人的传说

调查组为古柏树拍照

二、古树名木特点分析

（一）分布特点

调查显示，丽江古树存留地，多为古寺、古庭园或古村落。分布状况如图。

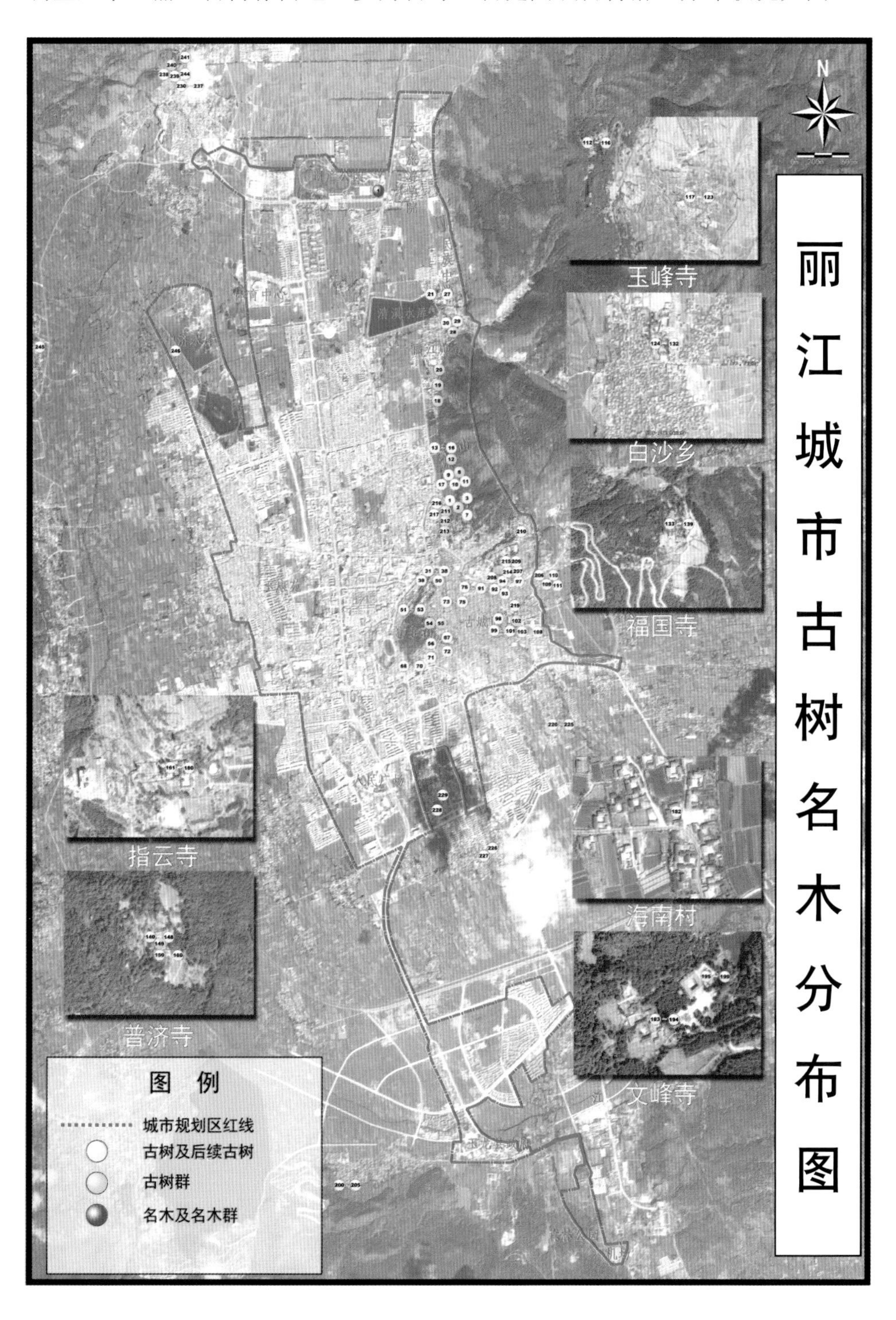

1. 古寺古树

丽江寺观众多，有文峰寺、福国寺、普济寺、玉峰寺等七大寺，各大寺观内外都有着与之同古老的古树，体现了寺观的重要特色。如文峰寺银杏（184号），树龄为260年；福国寺山玉兰（133号），树龄为400年；普济寺头状四照花古树群共十株（149号群），平均树龄已有350年，红花高盆樱（144号）树龄均为300年；玉峰寺云南山茶（116号），树龄320年；指云寺的昆明朴（166号）和干香柏（177号），树龄有270年。

文峰寺的银杏古树（260年）

福国寺的山玉兰古树（400年）

普济寺的头状四照花古树群（350年）

普济寺的红花高盆樱古树（300年）

玉峰寺的云南山茶古树（320年）

指云寺的昆明朴古树（270年）

指云寺的干香柏古树（270年）

2.古迹古树

木府三清殿后的三株干香柏（56～58号），树龄均有500年；现文小学内（原木府）的藤萝（64号），树龄已达410年，至今枝叶茂密，花穗秀丽；木府玉音楼前的两株紫薇（59、60号），树龄400年。白沙乡琉璃殿前的柽柳（130号），树龄510年；北岳庙外的云南移柀（120号），树龄400年；白沙乡大宝积宫院内的银杏（132号），树龄也达400年等。

木府三清殿后的干香柏古树（500年）

现文小学内的藤萝古树（410年）

木府玉音楼前的紫薇（400年）　　白沙乡琉璃殿前的柽柳古树（510年）

白沙乡大宝积宫院内的银杏（400年）

3. 庭园古树

丽江现存古庭院多被发展建设成为公园、学校和机关单位，生长于其中的古树有：狮子山公园文昌宫门前的干香柏（42号），树龄已达510年；狮子山公园内的古槐（40号），树龄已有350年；丽江市第一中学的槐树（103号）树龄有220年；束河完小内的银杏（230号）和石楠（231号），树龄都已有310年；地震局和黑龙潭内的高山栲（3-5号；2、8、12、18号群），树龄有300年；义尚居民委员会内的紫薇（219号）树龄达150年。

狮子山公园文昌宫门前的干香柏古树（510年）

狮子山公园内的古槐（350年）

丽江市第一中学的槐古树（220年）

束河完小内的银杏古树（310年）

高山栲古树群（300年）

4.生长在古村落和旷野的古树

束河中济村的滇皂荚（246号），树龄已有650年；黄山乡文峰寺园路旁的头状四照花（199号），树龄260年；义尚社区的滇楸古树（109、110号），树龄有200年；清溪村的干香柏（21～25号；28号群），树龄有100年。

黄山乡文峰寺园路旁的头状四照花古树（260年）

义尚社区的滇楸古树（200年）

清溪村的干香柏古树（100年）

（二）文化特色

丽江是民族原始崇拜形式保留较丰富的地区，人们常常将对神灵的崇拜寄托于古树，所以古树是研究丽江经济、文化历史的线索，是活文物。从对丽江古树的研究中还可见中原文化和地方民族文化的结合以及藏族文化的特征对当地文化的影响。丽江古树在文化特色方面通常可分为祭祀树、风水树和佛教树三种形式。

1. 祭祀树

祭祀树通常被称为神树，这些挺拔高大的古树，使东巴人对上天产生了敬畏之情，在他们的传统文化中将干香柏、黄背栎、山玉兰等视为神树。丽江许多古树享有“神树”和“圣树”的称号，这些古树被附近的村民所供奉。

在纳西族人眼中栎树是祭天、祭“署”（署即大自然神）必不可少的神树，每逢佳节都要举行祭树活动，通过祭树表达纳西人民对大自然的热爱和崇敬之情。高山栲又称黄背栎，被纳西人尊为天地树、生命之树，纳西先祖遗训称“哪里有栎树就可以在那里住下来，就可以在那里求生存”，这些宗教信仰和活动直接影响着古树的存留，反映人们力图与大自然和谐相处的愿望。因为纳西先民认为乱砍滥伐、污染水源、盲目开山等活动是惹怒“署”的重要原因，通过祭“署”，同时也是向“署”赎罪，更是像自然神表达自己的感谢之情，所以，自古以来自然形成了一种不成文的规矩，任何人都不能触动他们的山神树。在丽江838株古树中，高山栲有445株，是丽江古树中数量最多的。至今黑龙潭公园解脱林、原丽江水运处等高山栲古树群落仍生机勃勃，枝繁叶茂，这些高山栲古树得以保存300年之久与纳西族的自然崇拜有着密切关系。

黄背栎景观

纳西族古祭场的古树群中，柏树被奉为“天舅”（中央君皇），青松是“含英宝塔”神树，至今松、柏等一类树是长寿、富贵、健康的象征，松、柏树等的枝条多用以祭天、祭祖。在丽江838株古树中，松柏有200株，清溪小学旁、万古楼至木府的山坡以及束河三圣宫的干香柏和侧柏以古树群存在。

古树树洞内供奉神像

北岳庙历尽沧桑的古柏

北岳庙历尽沧桑的古柏

北岳庙的千年古柏，当地俗称“唐柏”，直径200cm，据传南诏国时期，国王异牟寻访中原，册封玉龙雪山为北岳，在山麓建庙、奉祭。

2.风水树

丽江市古树中典型的风水树集中体现在黑龙潭公园中沿象山山麓种植的高山栲古树群，上百株古树巍然矗立，有着依山傍水之势，极好地诠释了古人对风水布局的见解。

位于黑龙潭万寿亭出水口滨水处的一株君迁子（7号），树龄150年，当地人称其为麻将树，因树皮块状开裂，酷似麻将而得名。

黑龙潭万寿亭出水口滨水处的君迁子古树（150年）

老人们争相抚摸“麻将树”以求时来运转

3.佛教树

山玉兰是佛教的三大神树之一，又被称作“优昙花”，花色洁白馨香，是极为突出的庙宇树种，在丽江市的许多古老庙宇中都种植有山玉兰。纳西人奉山玉兰为万木之尊，将其当作与生命相关的树种，玉峰寺大殿门前的一株树龄230年的山玉兰（112号）就是其中典型的代表。

佛教神树山玉兰

古树与佛教息息相关

4.纪念树

明清时期，从中原向边疆迁徙的移民，在移居地就地选择或由祖籍带来了诸多树种，广植于居住地，作为建立村庄和寄托乡思的纪念物，如：束河中济村的一株滇皂荚（246号），历经了650年的沧桑，树形伞状，生长旺盛，此树相传为该村和氏先民于宋末元初迁居此地时栽种的纪念树，树的附近还设有神坛，村民在婚丧嫁娶时都会在此树上挂祭祀品和供奉用的彩带，表达对树神的崇敬之意。

束河中济村的滇皂荚古树（650年）

5.栽培型古树

位于玉龙雪山东麓的玉峰寺院内的云南山茶（116号），俗称“万朵茶”，相传植于康熙三十九年（公元1700年），现在仍然枝繁叶茂，以红花油茶为砧木，狮子头为接穗，嫁接后，砧木未剪除，形成单瓣红花油茶和多瓣狮子头两种花型交错并开，花期在每年立春至立夏间，先后分20多批开放，约开万余朵，故名“万朵茶”，大枝叶编成“三坊一盖、二丈见方的花棚”，正面看宛如一开屏的孔雀。被誉为“云岭第一枝”、“世界山茶王”。调查时，有一年逾九旬的老喇嘛静静地坐着，日复一日、年复一年地守护着这株“万朵茶”，不允许任何人随意触碰。

玉峰寺院内的云南山茶

玉峰寺院内的两株云南含笑（113、114号），植于清乾隆年间，距今240年。

槐树自古就被视为一种庇荫人的神树，民间有很多关于槐树的古老传说，槐又被称为“守土树”，常为其造祠立庙进行供奉，祈求庇佑，在寺庙周围也常植槐，是神圣的象征。在人们眼中，槐是祥瑞的象征，故有“门前一棵槐，不是招宝就是进财”的俗语，同时，槐也有候望游子叶落归根、魂归故里之意，借“怀”声部表示游子思乡之情。狮子山公园内的古槐（40号），树龄已有350年；丽江市第一中学的槐树（103号）树龄有220年。

普济寺内的桂花（145号）树龄300年，紫薇（143号）树龄240年。

普济寺内的紫薇古树（240年）

（三）名木

生长于丽江紫荆公园的47株丽江云杉，是中共丽江地委、丽江地区行政公署、中共丽江县委、丽江纳西族自治县人民政府于1997年6月6日为纪念香港回归而种植的一片纪念林。

丽江云杉多生长于海拔2500～3800m的温暖湿润、冬季积雪、酸性土的高山地带，组成单纯林或与其他针叶树组成混交林，材质优良，生长较快，为分布区森林更新及荒山造林树种，是具有丽江本土特色的重要乡土树种。

香港回归纪念碑

香港回归纪念林

丽江

古树名木资源

高山栲（高山锥、白栎、滇锥栎）

Castanopsis delavayi Franch.

·壳斗科　　　栲属
Fagaceae　　*Castanopsis*

【形态特征】

常绿乔木。单叶互生，叶近革质，倒卵形、椭圆状卵形或倒卵状形，长5～13cm，宽3.5～9cm，先端渐尖，基部短尖或近圆，叶缘中部以上疏生锯齿或波状齿，下面幼时被黄棕色鳞秕，老时被银灰色或灰白色紧贴的蜡层，侧脉6～10对。果序长10～15cm；壳斗宽卵形或近球形，连刺直径1.5～2cm；刺长3～6mm，基部合生成刺轴，并排成连续的4～6环，疏生；每壳斗内有1坚果，坚果阔卵形，径0.8～1.5cm，果脐在坚果的底部。

雄花序

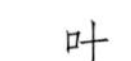

叶

幼果

树根

【分布】

贵州、四川、广西等以及云南大部分地区（滇中地区较为常见）。越南、缅甸、泰国也有分布。

【古树资源】

丽江现有高山栲古树445株。

黑龙潭公园内共有206株，其中，古树群有：解脱林内45株（编号2），志刚书斋后方树林中49株（编号8），珍珠泉边的树林中有109株（编号12）；梅园内2株（编号3、4），东巴研究所内1株（编号5）。

古城区地震局院内有25株（编号为18），该高山栲古树群树干附生有蕨类。

丽江师专校园内80株，为高山栲古树群，礼堂前17株（编号19），运动场旁63株（编号20）。

狮子山公园内有1株，位于狮子山文昌宫门口的绿化带内（编号为49）。

黄山乡2株，位于黄山乡文峰寺园路小路的两侧（编号195、196）。

北门街1株，位于北门街金虹巷105号门前（编号为210），树干紧靠墙体，周围有电线通过。

丽江市委党校周围77株，校内有64株（编号211）及校外有13株（编号212），为高山栲古树群。

原丽江水运处有53株（编号213），为高山栲古树群。

解脱林内高山栲古树群

伟岸挺拔的高山栲古树

对古树进行编号

对古树胸径进行测量

珍珠泉边高山栲古树群

黑龙潭300年的古树

狮子山公园内高山栲，树高14m，胸径79.6cm，树龄150年

被纳西人称之为“天地树”和“生命之树”的高山栲古树群

丽江师专校园院内高山栲古树群

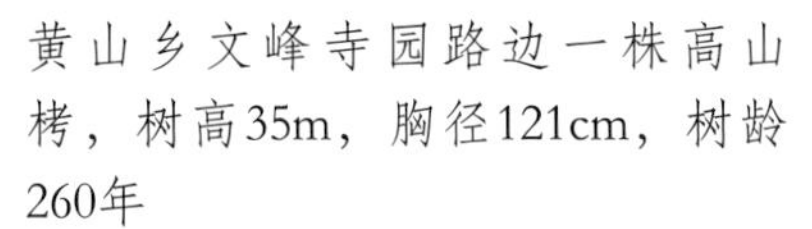
黄山乡文峰寺园路边一株高山栲，树高35m，胸径121cm，树龄260年

同样位于黄山乡文峰寺园路边的另一株高山栲，与前一株呈对植形式，树龄相同，两树相互扶持，共同度过了260年岁月

丽江市委党校高山栲古树群景观

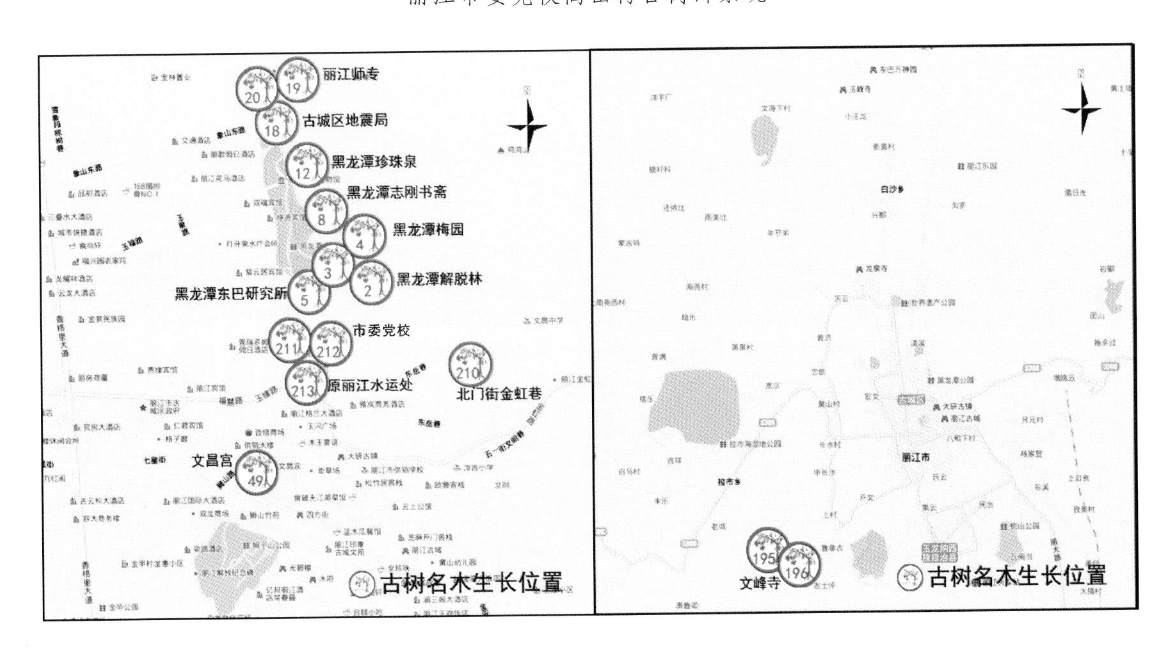

干香柏（冲天柏、圆柏、滇柏）

Cupressus duclouxiana Hickel

· 柏科 Cupressaceae　　柏木属 *Cupressus*

【形态特征】

常绿乔木。小枝细圆，顶梢直立，生鳞叶的小枝四棱形，不排成一个平面。鳞叶交互对生，先端微钝，背面有纵脊，蓝绿色，微被白粉。雌雄同株，球花单生枝顶；球果球形，珠鳞与苞鳞完全合生，径1.6～3cm，种鳞4～5对，熟时暗褐色或紫褐色，被白粉，鳞盾五角形或近方形，顶部中央有短尖头，发育种鳞具多数种子，种子两侧具窄翅。

树皮

球果

雄球花及球果

植株全貌

【分布】

为我国特有树种，产于云南中部、西北部及四川西南部。

【古树资源】

丽江现有干香柏古树116株。

清溪村5株，均位于水库边的水泥路边（编号为21、22、23、24、25）。

清溪小学内31株（编号28），为干香柏古树群。

狮子山公园内1株，位于文昌宫门前（编号42）。

万古楼至木府的山坡上34株（编号54），为干香柏古树群。

木府内3株，均位于三清殿后的草坪上（编号56、57、58）。

现文小学校园内1株（编号65）。

新义新仁小学校园内1株（编号85）。

丽江市第一中学2株，均靠近运动场边（编号105、106）。

白沙乡6株，其中北岳庙内1株（编号118），北岳庙外空旷的草地边1株（编号119），琉璃殿内文物管理所门口一侧1株（编号131），福国寺前山坡草地上2株（编号135、136），普济寺内后小山坡上1株（编号160）。

拉市乡5株，其中指云寺门前3株（编号162、167、172），指云寺墙边1株（编号177），指云寺后院荒地中1株（编号180）。

黄山乡6株，其中文峰寺外2株（编号为183、191），文峰寺门两侧4株（编号186、188、189、190）。

北门街3株，文庙巷148号院中1株（编号206），文庙巷5号门前1株（编号207），文庙巷20号门前1株（编号209）。

祥云小学门外1株（编号228）。

東河三圣宫17株，其中，池塘边1株（编号238），圣宫门口1株（编号239），三圣宫外15株，为干香柏古树群（编号为240）。

拔地而起，直冲霄汉

北岳庙前干香柏古树全貌

北岳庙外空旷的草地边的干香柏，树高29m，胸径105.1cm，树龄310年

福国寺前山坡草地上一株干香柏，树高18m，胸径70.1cm，树龄400年

古树的挂牌保护

丽江市第一中学内一株干香柏，树高23m，胸径87.3cm，树龄170年

木府三清殿后的草坪上其中一株干香柏，树高26m，胸径92.4cm，树龄500年

木府三清殿后的草坪上其中一株干香柏古树枝条姿态

纳西族古祭场的古树群中，柏树被奉为“天舅”，在丽江，干香柏常以古树群的形式存在

清溪小学内干香柏古树群景观

清溪小学内干香柏古树群中一株

狮子山公园文昌宫门前干香柏，树高29m，胸径168.8cm，树龄510年

狮子山公园文昌宫门前干香柏古树景观

束河三圣宫池塘边干香柏古树景观

寺庙中的古树常被人们挂彩祈福

万古楼至木府的山坡上，干香柏古树展雄姿

位于北门街文庙巷148号院中的干香柏，树高28m，胸径76.4cm，树龄200年

现文小学校园内干香柏，树高26m，胸径60.5cm，树龄160年

祥云小学门外干香柏，树高22m，胸径70.1cm，树龄180年

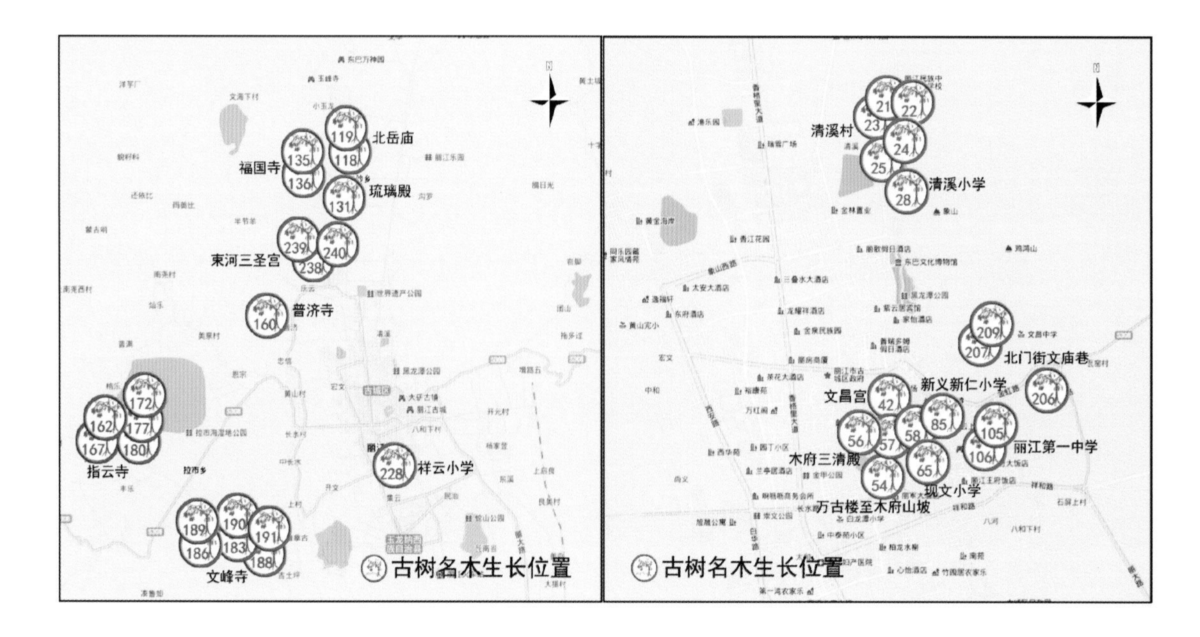

侧柏（扁柏、香柏、园柏、柏子壳）

Platycladus orientalis（Linn.）Franco

·柏科 Cupressaceae　侧柏属 *Platycladus*

【形态特征】

常绿乔木。生鳞叶的小枝排成一平面，向上伸展或斜展。叶鳞形，长1～3mm，先端微钝，两面同形同色。雌雄同株，球花单生小枝顶端。种鳞4对，木质，厚，近扁平，背部有一弯曲钩状小尖头，中间2对种鳞发育，各具1～2粒种子。球果近圆形，长1.5～2cm，成熟时褐色，开裂，种子无翅。花期3～4月，果期10月。

成熟球果及幼果

雄球花及球果

植株全貌

【分布】

主要分布于云南、西藏、四川、湖北、河南、河北、山东、山西、辽宁、吉林、内蒙古、甘肃、陕西等省，朝鲜也有分布。

【古树资源】

丽江有侧柏古树82株。

黑龙潭公园2株，均位于戏台前休息区（编号9、11）。

万古楼至木府山坡67株，为侧柏古树群（编号55）。

新仁小学2株（编号83、84）。

黄山幼儿园2株（编号99、100）。

丽江市第一中学内1株（编号107），一侧紧靠房屋。

白沙乡2株，均位于文昌宫院内（编号126、127）。

拉市乡1株，位于指云寺内（编号173）。

下束河3株，其中兴化寺外老年活动中心门口2株（编号200、201），兴化寺内1株（编号205）。

下八河2株，均位于玉龙锁脉寺内（编号220、222）。

白沙乡文昌宫院内的侧柏，树高15m，胸径51cm，树龄150年

古树与寺庙

丽江市第一中学内的侧柏，分枝低矮，于齐胸处分为4枝，胸径分别为21.3cm、24.5cm、26cm、29.6cm

丽江市第一中学内的侧柏，树高11m，树龄150年

万古楼至木府山坡上的侧柏古树群景观

位于拉市乡指云寺的侧柏，树高17m，胸径63.7cm，树龄270年

位于玉龙锁脉寺内的古侧柏树高17m，树龄150年

位于玉龙锁脉寺内的古侧柏于齐胸处分两叉，胸径分别为38.2cm、33.4cm

兴化寺内的侧柏，树高12m，胸径41.4cm，树龄170年

兴化寺外老年活动中心门口的另一株侧柏，树高14m，胸径73.2cm，树龄170年

兴化寺外老年活动中心门口的一株侧柏，树高14m，树龄170年

兴化寺外老年活动中心门口的一株侧柏，于齐胸处分两叉，胸径分别为57.3cm、60.5cm

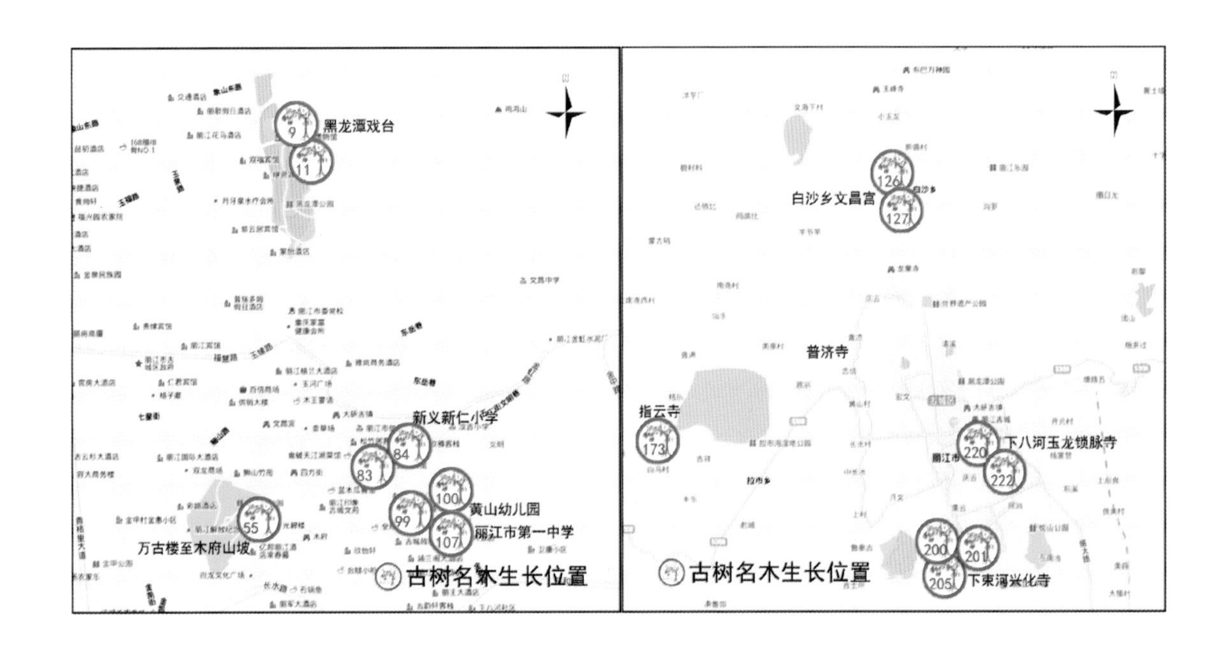

昆明朴（滇朴、四蕊朴）

Celtis kunmingensis Cheng et Hong

·榆科 朴属
Ulmaceae *Celtis*

【形态特征】

落叶乔木。小枝棕褐色，无顶芽。叶互生，卵形、卵状椭圆形，长4～11cm，宽3～6cm，先端微急渐长尖或近尾尖，基部偏斜，一侧近圆形，一侧楔形，边缘有锯齿，无毛或仅下面基部脉腋有毛，三出脉，网脉凹陷；叶柄长6～16mm。花杂性。核果通常单生，近球形，直径约8mm，熟时蓝黑色，果梗长15～22mm，核具4肋，表面有浅网孔状凹陷。

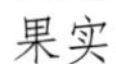
果实

树根

树瘤

树皮

【分布】

分布于曲靖、昭通、昆明、楚雄、玉溪、大理、丽江、临沧、普洱、红河等云南广大地区。也见于贵州、广西、四川等地。

【古树资源】

丽江有昆明朴古树37株。

黑龙潭公园内1株（编号17）。

清溪村2株（编号29、30）。

狮子山公园5株，其中，文昌宫前1株（编号41），文昌宫围墙边1株（编号43），文昌宫内3株（编号44、45、50）。

光义街1株，位于光碧巷67号的三眼井旁（编号66）。

白马龙潭寺内1株（编号69）。

古城大石桥2株，位于古城大石桥旁（编号73、74）。

新义街1株，位于新义街积善巷（编号75）。

新义新仁小学6株（编号76、77、78、79、80、81）。

五一街8株，其中，新仁上段40号门前1株（编号86），文治巷48号门前1株（编号87），文治巷11号门前1株（编号88），文治巷160号门前1株（编号89），文治巷109号门前2株（编号90、91），文明巷33号门前2株（编号96、97）。

文化遗产研究院2株（编号92、93）。

丽江市第一中学1株，位于丽江市第一中学运动场边（编号104）。

义尚社区1株，位于义尚社区甘泽泉边（编号111）。

义尚街1株，位于义尚街文化巷11号门前（编号98）。

拉市乡4株，位于拉市乡指云寺门前（编号为166、169、170、171）。

祥云街1株，位于吉祥段50号门前（编号229）。

昆明朴作为乡土树种，耐水湿，抗干旱，适应性强，树形美观，是纳西生态文化的重要部分。

白马龙潭寺内的昆明朴，树高21m，胸径73.22cm，树龄80年

古树的挂牌保护

古树与丽江古城交互辉映

三眼井旁的昆明朴，树高16m，胸径73.2cm，树龄80年

狮子山公园文昌宫内的一株昆明朴，树高19m，胸径100.6cm，树龄160年

狮子山公园文昌宫内的一株昆明朴古树景观

狮子山公园文昌宫前的昆明朴，树高25m，胸径114.6cm，树龄160年

文化遗产研究院的滇朴

文明巷33号门前昆明朴古树景观

文治巷109号门前一株昆明朴，树高16m，胸径58.6cm，树龄80年

新仁上段40号门前昆明朴，树高17m，胸径92.4cm，树龄100年

新仁小学内其中一株昆明朴古树树枝姿态

新义街积善巷内一株昆明朴，树高21m，胸径105.1cm，树龄120年

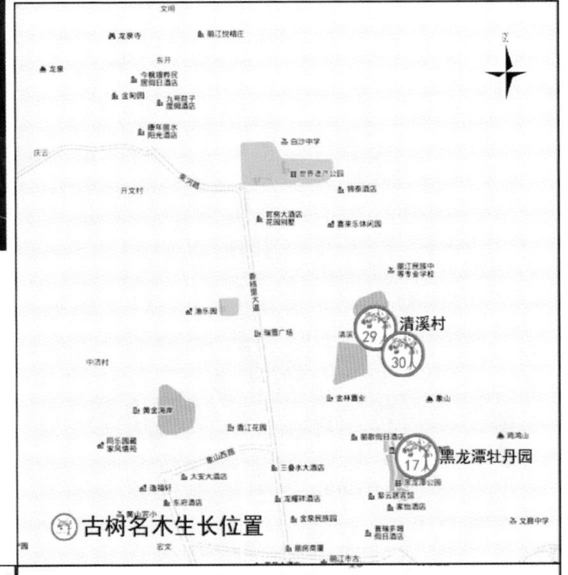

滇楸（紫楸、紫花楸、光灰楸）

Catalpa fargesii Bureau f. *duclouxii*（Dode）Gilmour

·紫葳科　Bignoniaceae　梓属　*Catalpa*

【形态特征】

落叶乔木。叶、花序均光滑无毛。叶对生，卵形，厚纸质，长13～20cm，宽10～13cm，先端渐尖，基部圆形至微心形，基部3出脉，全缘，背面基部脉腋间有紫色腺斑，叶柄长3～10cm。顶生伞房状总状花序，有花7～15朵，花冠淡红色或淡紫色，二唇形，上唇2裂，下唇3裂。小花柄长2～3cm。蒴果长圆柱形，细长下垂，长达80cm，果皮革质，2裂，种子多数，两端具长毛。

果实

上部枝干

挺拔的树干

花

【分布】

产于我国云南、四川、贵州、湖南、湖北等省区。

【古树资源】

丽江有滇楸古树26株。

狮子山公园内6株，其中嵌雪楼前2株（编号31、32），文昌宫内1株（编号48），公园门口3株（编号51、52、53）。

新华街1株，在新华街双石段30号门前（编号39）。

丽江市第一中学16株，为滇楸古树群，在校园运动场边（编号102）。

义尚社区2株，位于甘泽泉边（编号109、110）。

古城区粮食局1株，在进门一侧（编号208）。

滇楸树形美观，花型独特，果实细长，在漫长的岁月中，纳西族的传统生态文化深刻地影响着丽江古城园林植物文化的形成和创新。

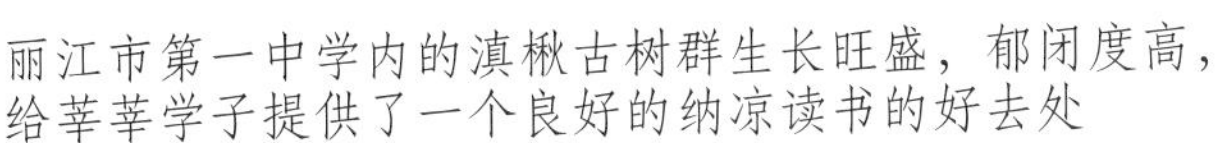

丽江市第一中学内的滇楸古树群生长旺盛，郁闭度高，给莘莘学子提供了一个良好的纳凉读书的好去处

丽江市第一中学内滇楸古树群

丽江市第一中学的滇楸古树

嵌雪楼前一株滇楸，树高17m，胸径68.2cm，树龄200年

狮子山公园门口一株滇楸，树高17m，胸径61.5cm，树龄120年

狮子山公园文昌宫内的滇楸，树高16m，胸径64.6cm，树龄140年

狮子山嵌雪楼前滇楸古树树干姿态

狮子山文昌宫的滇楸

新华街双石段30号门前的滇楸，树高11m，胸径74.8cm，树龄180年

义尚社区甘泽泉边一株滇楸，树高17m，胸径108.3cm，树龄200年

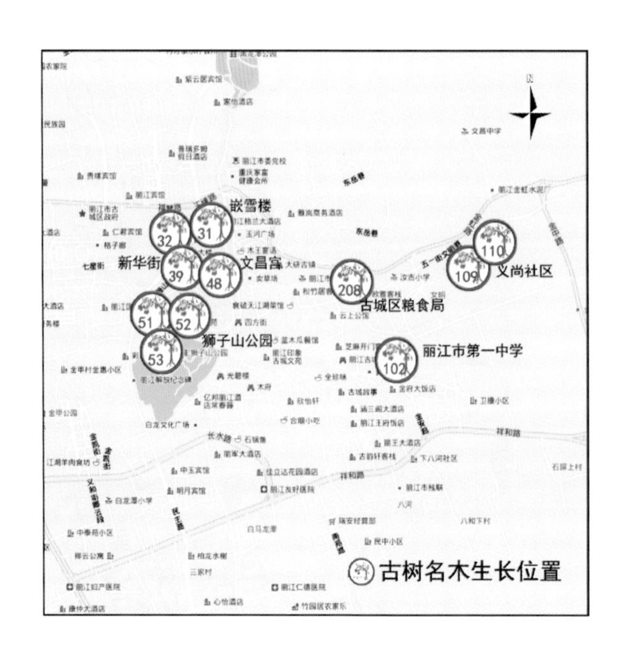

槐（国槐）

Sophora japonica Linn.

· 蝶形花科　　　槐属

Papilionaceae　*Sophora*

【形态特征】

落叶乔木。无顶芽，侧芽为柄下芽。小枝绿色，有淡黄褐色皮孔。奇数羽状复叶，长15～25cm，小叶7～17，先端尖，基部圆或宽楔形，下面粉绿色，被平伏毛；托叶镰刀状，长6～8mm，早落。圆锥花序顶生，花冠黄白色，蝶形，旗瓣阔心形，有短爪，并有紫脉，翼瓣龙骨瓣边缘稍带紫色；雄蕊10，不等长。荚果圆柱形，长2.8～8cm，径1～1.5cm，黄绿色，肉质，不裂，种子间缢缩呈念珠状。

果实

花

上部枝干

【分布】

我国云南、四川、贵州、广西、广东、湖南、湖北、浙江、安徽、河南、河北、山东、山西、辽宁、甘肃及陕西等地。日本、朝鲜也有分布。

【古树资源】

丽江有槐古树16株。

狮子山公园内3株，其中嵌雪楼院内2株（编号33、34），文昌宫门前1株（编号40）。

木府1株，位于光碧楼前（编号63）。

光义街1株，靠近光碧三眼井（编号67）。

白马龙潭寺2株（编号68、70）。

五一街2株，位于文明巷138号门前（编号94、95）。

丽江市第一中学1株（编号103）。

白沙乡2株，其中，福国寺前1株（编号139），普济寺前1株（编号140）。

拉市乡3株，指云寺前有2株（编号161、168），村文体活动中心旁1株（编号182）。

黄山乡1株，在文峰寺外（编号187）。

古树的挂牌保护

《花镜》云："人多庭前植之，一取其荫，一取三槐吉兆，期许子孙三公之意"，木府光碧楼前便有一株槐古树

白马龙潭寺内的槐古树，树干上有游人绑的祝福用的哈达，树基处有一块手写木牌，用于保护古树，但字迹已模糊

靠近光碧三眼井的槐树，树高20m，胸径62.1cm，树龄300年

拉市乡指云寺前槐古树景观

人们将经幡和许愿布条挂在指云寺前的槐古树树枝上，祈求神明庇佑

狮子山公园嵌雪楼院内槐古树景观

狮子山公园嵌雪楼院内一株槐，树高20m，树龄200年，自基部起分为三叉，
胸径分别为46.5cm、54.4cm、43.4cm

古城内龙潭边长势繁茂的古树

因树体高大端正，古树常常会被作为支架、电线等公共设施的基座，但这对古树的保护是不利的

在景区中，常见到将警示牌直接钉在古树树干上的情况

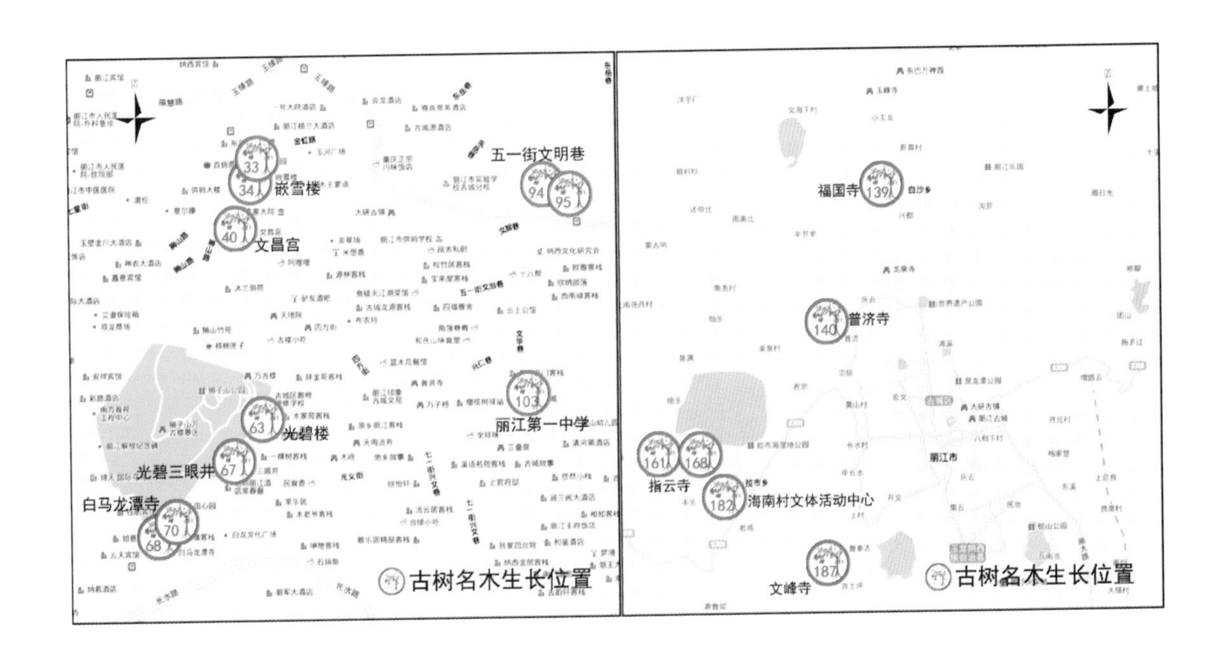

梅（梅子、乌梅、腊梅）

Armeniaca mume Sieb.

· 蔷薇科 Rosaceae　杏属 *Armeniaca*

【形态特征】

落叶乔木。小枝绿色，无毛，芽单生。单叶互生，叶片广卵形或卵形，长4～8cm，宽2～5cm，先端尾尖，基部宽楔形或近圆形，边缘有细密锯齿，叶柄常有腺体。花单生或有时2朵同生于1芽内，先叶开放，白色或淡红色，芳香，具短柄，先叶开放，萼钟状，常红褐色；子房上位，有短柔毛，核果近球形，两边扁，有纵沟，绿色至黄色，密被细毛，果肉粘核，核上有穴状窝点。

果实

花

上部枝干

【分布】

全国各地都有栽培。

【古树资源】

丽江现有13株。

黑龙潭公园内5株，戏台休息区1株（编号10），五凤楼旁4株（编号13、14、15、16）。

光义社区1株，在光碧巷光义社区丽江粑粑展示点旁（编号71）。

白沙乡2株，福国寺前1株（编号134），普济寺1株（编号147）。

拉市乡指云寺内1株（编号175）。下束河兴化寺1株（编号203）。

下八河玉龙锁脉寺1株（编号221）。

束河大觉宫内2株，1株在一荒芜院子里（编号233），1株在历史厅前（编号237）。

白沙乡福国寺180年的古梅树

古树的挂牌保护

古梅树干上的萌蘖新枝条

新移植的古梅树已发新枝

黑龙潭公园五凤楼旁古梅树，树高5m，胸径44.6cm，树龄80年

黑龙潭公园戏台休息区梅古树枝条姿态

拉市乡指云寺内古梅树高3m，胸径66.9cm，树龄270年

这株经人工修剪和蟠扎过后的古梅树，树形奇特优雅

東河大觉宫内古梅树，树高7m，胸径38.2cm，树龄140年

下八河玉龙锁脉寺内古梅树，分枝低矮，胸径分别为17.2cm、20cm、22.6cm

下八河玉龙锁脉寺内古梅树，树高4m，树龄150年

下東河兴化寺内古梅树，树高5m，胸径66.9cm，树龄170年

兴化寺内古梅树，年限久远，树干已形成空洞，且倾斜严重

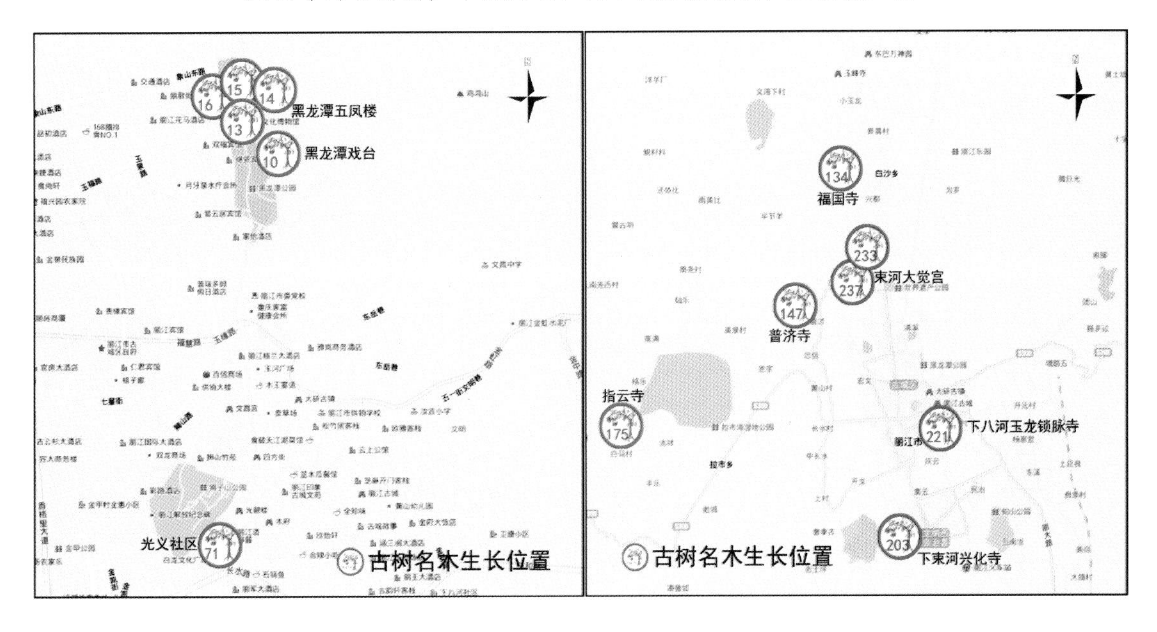

桂花（木犀、岩桂、九里香）

Osmanthus fragrans（Thunb.）Lour.

·木犀科　　木犀属

Oleaceae　　*Osmanthus*

【形态特征】

常绿灌木或小乔木。芽叠生。单叶对生；革质，椭圆形或椭圆状披针形，长5～15cm，全缘或上半部疏生细锯齿，先端渐尖或急尖，基部楔形，叶面深绿色，光亮，无毛，背面色淡，无毛。花簇生叶腋或聚伞状，花小，黄白色，浓香。核果椭圆形；紫黑色。

树皮

树皮及附生物

果实

花

【分布】

原产我国西南部，南方各地均有栽培。印度、巴基斯坦、尼泊尔、缅甸、老挝、日本也有栽培。

【古树资源】

丽江有桂花古树11株。

狮子山公园1株，在文昌宫内（编号47）。

木府1株（编号62），位于南园。

光义社区居民委员会院内1株（编号72）。

白沙乡2株，文昌宫院内的石筑高台上1株（编号128），普济寺内1株（编号145）。

下束河1株，在兴化寺内（编号204）。

西安街1株，在义正社区委员会内（编号215）。

下八河玉龙铁锁桥旁2株（编号为224、225）。

祥和靴顶寺内1株（编号227）。

束河普及完小内1株（编号245）。

桂花终年常绿，开花芳香四溢，可谓“独占三秋压群芳”，是我国的传统名贵香花。自汉代至魏晋南北朝时期，桂花以成为名贵花木与上等贡品。在汉代引种于帝王宫钳苑，宋之问的《灵隐寺》诗中有“桂子月中落，天香云外飘”的著名诗句，故后人亦称桂花为“天香”，元代倪瓒的《桂花》诗中有“桂花留晚色，帘影淡秋光”的诗句，可见桂花的栽培历史之久，丽江的桂花古树多分布于古城的著名景点及寺庙内，取其“双桂当庭”、“双桂留芳”或“蟾宫折桂”之意，是崇高、贞洁、荣誉、友好和吉祥的象征，历代民间都将其视为吉祥之兆，故有“八月桂花遍地开，桂花开放幸福来。”之说。

白沙乡文昌宫内桂花古树景观

古树的挂牌保护及树体支撑

古树基部萌发新枝

狮子山公园内桂花，树高7m，胸径28.7cm，树龄320年，至今仍生长旺盛

東河普及完小的古桂花树，已有300年的树龄

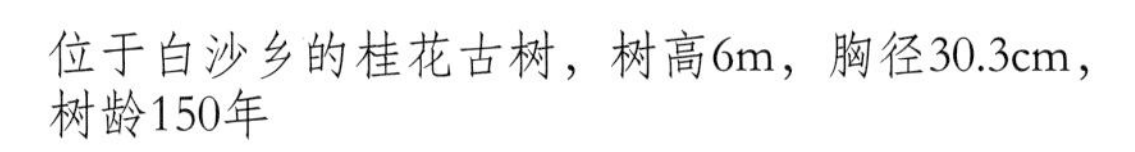

位于白沙乡的桂花古树，树高6m，胸径30.3cm，树龄150年

义正社区委员会内的桂花古树，树高7m，树龄150年，树干自基部分为四枝，胸径分别为22.3cm、12.1cm、14.6cm、19.1cm

头状四照花（鸡嗉子果、野荔枝、山荔枝）

Dendrobenthamia capitata（Wall.）Hutch.

·山茱萸科　　四照花属

Cornaceae　　*Dendrobenthamia*

【形态特征】

常绿乔木。嫩枝密被白色柔毛。单叶对生，革质，矩圆形或矩圆状披针形，长5.5～10cm，先端锐尖或渐尖，基部楔形，两面均被贴生白色柔毛，叶脉在叶下面隆起，与中脉交汇处有明显的腋窝，全缘，叶柄长1～1.4cm。头状花序扁球形，茎约2cm，紫红色；具4枚先白色后红色的花瓣状总苞片，总苞片倒卵形，长3～5cm；具杯状花盘。核果密集藏于由花托发育而成的球形的果序中，长1.5～2.4 cm，成熟时红色，果序梗粗壮，长4～6（8）cm，幼时被粗毛，后渐无。

果实

花

上部枝干

【分布】

广布于云南，浙江、湖北、湖南、广西、贵州、四川、西藏亦有。印度、尼泊尔、巴基斯坦均有分布。

【古树资源】

丽江有头状四照花古树11株。

白沙乡10株，为古树群，在普济寺旁（编号149），平均树龄已有350年。

黄山乡1株，在文峰寺普渡桥旁（编号199）。

普济寺350年的头状四照花

文峰寺普渡桥旁头状四照花，树高12m，胸径56.4cm，树龄260年

普济寺旁头状四照花古树群

山玉兰（优昙花、山波萝）

Magnolia delavayi Franch.

· 木兰科　　木兰属

Magnoliaceae　*Magnolia*

【形态特征】

常绿乔木。小枝具环状托叶痕。叶革质，卵形、长卵形或椭圆形，长10～20（32）cm，宽5～10（20）cm，上下两端钝圆，有光泽，稀先端微缺，基部宽圆，有时微心形，边缘波状，幼叶被毛，长成时仅下面密被白粉；叶脉在两边极明显，侧脉11～16对；叶柄长3～7cm，托叶痕几达叶柄顶端。花白色，芳香，单生枝顶，杯状，径15～20cm，花被片9～10，外轮花被片较内轮稍大；心皮离生，螺旋状着生在柱状花托上。聚合蓇葖果卵状长圆形，每蓇葖中具有种子2～4个。

果实

花

树瘤

花蕾

植株全貌

【分布】

四川西南部（会理）、贵州西南部、云南（丽江、洱源、腾冲、昆明、文山州）等地。

【古树资源】

丽江现有山玉兰古树10株。

狮子山公园嵌雪楼院内1株（编号37）。

木府玉音楼前1株（编号61）。

黄山幼儿园内1株（编号101）。

玉峰寺内1株（编号112）。

白沙乡2株，福国寺前1株（编号133），普济寺1株（编号142）。

拉市乡指云寺门前1株（编号165）。

黄山乡文峰寺内1株（编号193）。

西安街武庙内1株（编号216）。

祥和靴顶寺1株（编号226）。

山玉兰为佛教四大名花之一，花大色美。每年夏季，在绿叶中开出硕大的莲花状的白色花朵，中间直立的圆柱状的聚合蓇葖果，恰似释迦牟尼佛端坐在莲座上。其花香如佛寺中焚香的气味。佛家法华经有云："佛告舍利弗，如是妙法，如优昙钵花，时一现耳。"故又称优昙花。而山玉兰与东巴画卷中的含依巴达神树极为相似，故山玉兰在纳西语中被叫做"含依巴达树"， 纳西人奉之为万木之尊，是一种与人的生命息息相关的生命树，象征着纳西族人的自然信仰。

福国寺前山玉兰，树高8m，树龄400年

山玉兰古树常常分支较低矮，
树枝姿态优美

普济市内的山玉兰古树

祥和靴顶寺山玉兰，树高6m，胸径cm，树龄150年

玉峰寺内山玉兰，树高8m，树龄230年

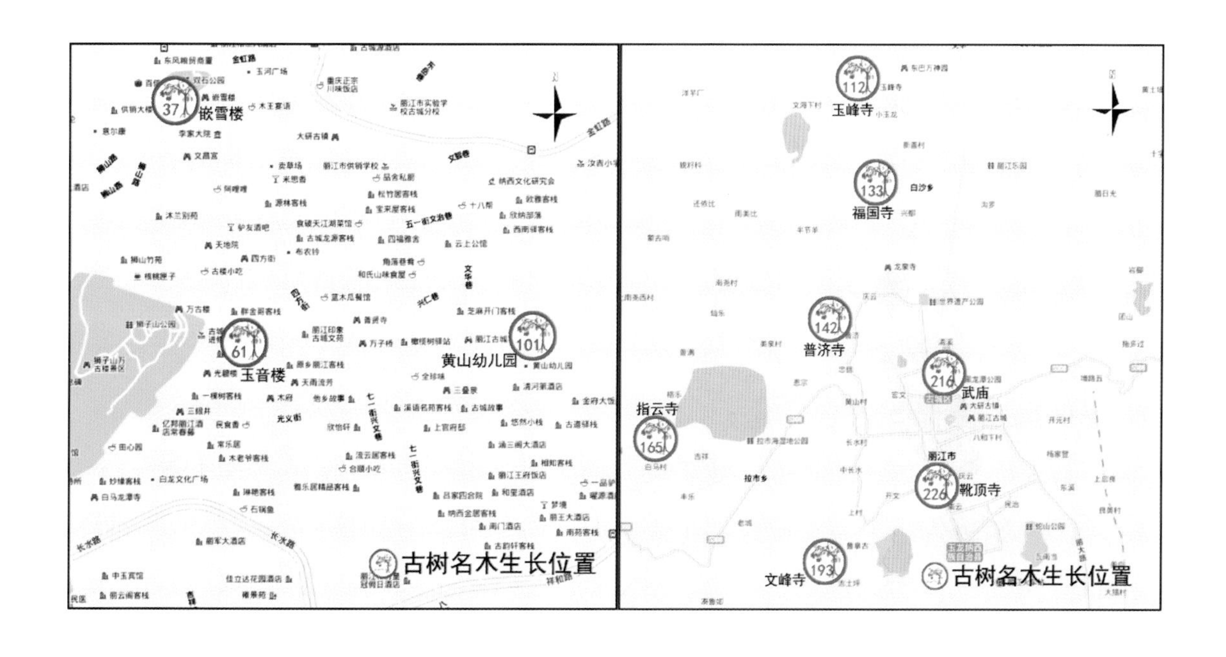

紫薇（痒痒树、满堂红、佛祖花）

Lagerstroemia indica Linn.

· 千屈菜科　紫薇属
Lythraceae　*Lagerstroemia*

【形态特征】

落叶灌木或小乔木。树皮片状脱落后特别光滑。幼枝略呈四棱形，稍成翅状。叶互生或近对生，近无柄，椭圆形、倒卵形或长椭圆形，顶端尖、钝或凹缺，基部阔楔形或圆形，光滑无毛或沿主脉上有毛。圆锥花序顶生，长4～20cm，花瓣6，红色或粉红色，边缘皱缩，基部有爪。蒴果椭圆状球形，长9～13mm，宽8～11mm。种子顶端有翅。

果实　花

树干姿态　树皮光滑

【分布】

原产中国，分布于长江流域，华南、西北、华北也有栽培，亚洲南部及澳洲北部也有栽培。

【古树资源】

丽江市有紫薇古树9株。

狮子山公园2株，1株在嵌雪楼院内（编号35），1株在文昌宫内（编号46）。

木府2株，均在玉音楼前（编号59、60）。

新仁小学1株（编号82）。

白沙乡3株，文昌宫院内2株（编号124、125），普济寺内1株（编号143）。

义尚居民委员会内1株（编号219）。

紫薇又名满堂红、五里香、佛相花，花期较长，又有“百日红”之称，被赞为“盛夏绿遮眼，此花满堂红”。紫薇原产中国，是一种适应性强的长寿树种。在中国已经有几千年的栽培史，唐朝时就盛植于长安宫廷之中，传说在远古时代，有一种凶恶的野兽名叫年，它伤害人畜无数，于是紫微星下凡，将它锁进深山，一年只准它出山一次。为了监管年，紫微星便化作紫薇花留在人间，给人间带来平安和美丽。因此，紫薇又有好运的象征。杜牧盛赞“晓迎秋露一枝新，不占园中最上春。桃李无言又何在，向风偏笑艳阳人。”宋代诗人杨万里也有诗赞曰：“谁道花无百日红，紫薇长放半年花”。紫薇也是汉传佛教庙宇中常见树木。

白沙乡文昌宫院内两株紫薇，分植于庭院园路的两侧，长势良好

白沙乡一株紫薇，树高9m，胸径51cm，树龄180年

狮子山文昌宫内的紫薇古树

文昌宫内的紫薇古树树体倾斜，已有支架支撑。

新仁小学内的紫薇古树，树高7m，胸径24.7cm，树龄150年

紫薇象征好运，常被人们种植于房前屋后，以祈求合府平安。木府玉音楼前的蔷薇，常伴人们茶余饭后的休闲生活

银杏（白果树、公孙树、鸭脚子、灵眼）

Ginkgo biloba Linn.

· 银杏科　　　银杏属
Ginkgoaceae　*Ginkgo*

【形态特征】

落叶乔木。叶扇形，在长枝上螺旋状排列，在短枝上簇生，叶脉叉状并列，顶端常2裂，基部楔形，叶柄长。雌雄异株，球花生于短枝顶端的叶腋或苞腋；种子核果状，椭圆形、倒卵形或近球形，成熟时黄色或橙黄色，外被白粉。外种皮肉质；中种皮骨质，具2～3纵脊；内种皮膜质。

花药开裂

上部枝干

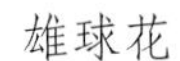

雄球花

种子

【分布】

山东、浙江、安徽、福建、江西、河北、河南、湖北、江苏，湖南、四川、贵州、广西、广东、云南等省栽培。

【古树资源】

丽江现有银杏古树7株。

白沙乡3株，1株在北岳庙（编号为117），1株在大宝积宫院（编号132），1株在福国寺前（编号137）。

拉市乡2株（编号为163、164），均在指云寺门前。

黄山乡1株（编号184），在文峰寺右侧。

束河完小有1株（编号为230）。

银杏是我国保存下来的古稀珍贵树种，为世界上最古老的植物之一，所以被誉为植物的“活化石”。银杏是最长寿的树种之一，有“寿星树”之称，银杏树体高大雄伟，最能衬托大雄宝殿的壮观。其叶片洁净素雅，有不受凡尘干扰的宗教意境，因此，有外国人称银杏为“中国的菩提树”，而且它们大多是一雌一雄种植在寺庙的主殿前。道家也视银杏为祥瑞之树，在道观中也有种植。传说部分云南先民从华东地区迁移至云南时，一路种植银杏，作为回家路上的标记。

白沙乡福国寺前银杏，树高16m，胸径101.9cm，树龄400年

北岳庙内的银杏古树，已越300年的历史

被村民视为神树的银杏古树

拉市乡两株银杏均在指云寺门前两侧，树高25m，树龄均为270年

银杏自古就有祥瑞之树的美称，故常常被栽植于古刹，且能得到良好的养护

君迁子（软枣）

Diospyros lotus Linn.

· 柿树科　　柿树属
Ebenaceae　*Diospyros*

【形态特征】

落叶乔木。树皮暗褐色，深裂成方块状；幼枝有灰色柔毛。单叶互生，椭圆形至长圆形，长5～13cm，宽2.5～6cm，先端渐尖或急尖，基部钝，上面密生柔毛，后渐脱落，下面近粉白色。花单性，雌雄异株，簇生叶腋，深红色或淡红色，花萼密生柔毛，4深裂，裂片卵状。浆果近球形，径1～1.5cm，熟时蓝黑色，有白蜡层；花萼宿存，深裂至中部，先端钝圆。花期4～5月，果期10～11月。

果实　　花

树皮块状分裂　　植株全貌

【分布】

产于我国云南、西藏、四川、贵州、广西、广东、福建、江西、湖南、湖北、浙江、江苏、安徽、河南、山东、山西、甘肃及陕西等地。亚洲西部及欧洲南部也有分布。

【古树资源】

丽江有君迁子古树7株。

黑龙潭公园万寿亭出水口2株（编号为6、7）。

清溪村水库边1株（编号26）。

束河三圣宫小河边4株（编号241、242、243、244）。

位于黑龙潭公园万寿亭出水口处君迁子，树龄150年，当地人称其为麻将树，因树皮块状开裂，酷似麻将而得名

黑龙潭公园万寿亭出水口处君迁子古树景观

清溪村水库边君迁子，树高15m，胸径78cm、51cm，树龄150年

位于東河三圣宫小河边一株君迁子，树高15m，胸径54.1cm，树龄200年

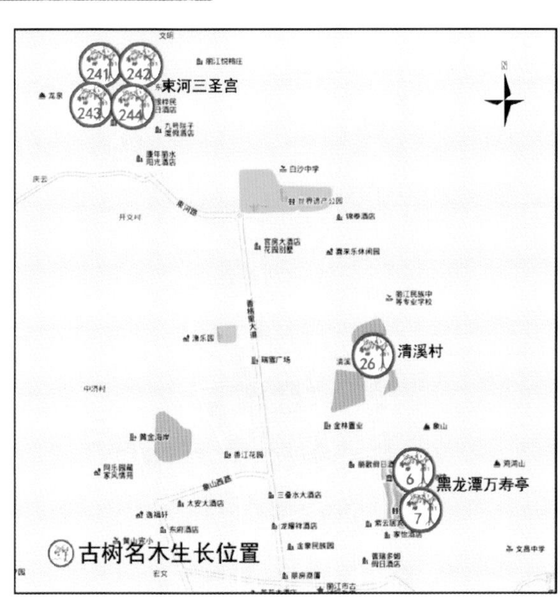

红花高盆樱桃（云南樱花）

Cerasus cerasoides（D. Don）Soko. var. *rubea*（C.Ingram）Yüet Li

· 蔷薇科 Rosaceae　樱属 *Cerasus*

【形态特征】

落叶乔木。单叶互生，叶长圆卵形至长圆倒卵形，长8～10cm，宽3～5cm，先端渐尖，边缘具单锯齿或重锯齿。花2～4朵排成总状花序，先叶开放；有短总花梗，花径约3cm，花梗长1～2cm；萼筒宽钟状，深红色，萼片三角形；花重瓣，花瓣先端全缘或微凹，深粉红色。花期3月。

果实

花

树皮及附生物

【分布】

产云南西北部、西部，生于海拔1500～2000 m的山坡疏林中。尼泊尔、不丹、缅甸也有分布。

【古树资源】

丽江现有红花高盆樱桃古树7株。

白沙乡普济寺周围3株，1株在普济寺内的四合院内（编号为144），植于清乾隆三十六年间（公元1771）；2株在普济寺院后的山坡上（编号158、159）。

拉市乡指云寺1株（编号174）。

黄山乡文峰寺1株（编号192）。

下八河玉龙锁脉寺1株（编号223）。

束河大觉宫1株（编号232）。

黄山乡文峰寺内高盆樱

拉市乡指云寺红花高盆樱桃古树景观

普济寺中四合院内红花高盆樱桃，植于清乾隆三十六年间（公元1771），树高9m，树龄300年

下八河玉龙锁脉寺红花高盆樱桃，树高7m，胸径58.3cm，树龄120年

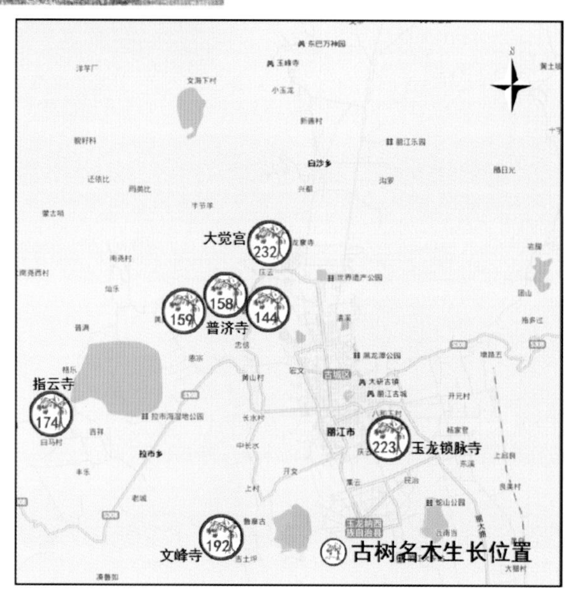

云南含笑（皮袋香、山栀子、十里香）

Michelia yunnanensis Franch.

·木兰科 Magnoliaceae　　含笑属 *Michelia*

【形态特征】

常绿小乔木或灌木。小枝具有环状托叶痕。芽、幼枝、幼叶下面、叶柄、花梗均密被红褐色平伏毛。单叶互生，叶革质，卵形或倒卵状椭圆形，长4～10cm，宽1.5～3.5cm，先端急尖或钝圆，基部楔形；叶柄长4～5mm。花两性，单生叶腋，白色，芳香，雌蕊群与雄蕊群之间有间隔，花被片6～12（17），倒卵形，排成2轮。聚合蓇葖果仅5～8蓇葖发育，蓇葖褐色。种子1～2粒，有假种皮，成熟时悬挂于丝状种柄上，不脱落。

多心皮雌蕊　　果实　　花

上部枝干　　枝交接连理

【分布】

产于云南中部及南部海拔1100～2300m的云南油杉林和云南松林下及山地灌丛中。但在滇东、滇中高原的阔叶或针叶疏林中，乃至路旁、溪边都有广泛的分布，贵州西部至西南部也有分布。

【古树资源】

丽江现有云南含笑古树6株。

玉峰寺2株（编号113、114）。

白沙乡1株，在普济寺内（编号146）。

拉市乡1株（编号176），在指云寺内。

黄山乡1株，在文峰寺内（编号194）。

下束河1株，在兴化寺内（编号202）。

云南含笑俗称“十里香”，明代《徐霞客游记》中称其为“十里香奇树”，花色洁白，香味独特。

玉峰寺内两株云南含笑，分别位于大殿两旁，树高相近，为4m，树龄均为240年

黄山乡文峰寺内的这株云南含笑，树高4m，胸径25.5cm，树龄260年

下束河兴化寺内云南含笑，树龄170年

小叶青皮槭

Acer cappadocicum Gled. var. *sinicum* Rehd.

·槭树科　　　槭树属
Aceraceae　　*Acer*

【形态特征】

落叶乔木，冬芽卵圆形，鳞片覆叠。小枝平滑紫绿色，无毛。单叶对生，长5～8cm，宽6～10cm，纸质，基部近心形或截形，常5裂，裂片短而宽，先端锐尖至尾状锐尖，叶柄细瘦，淡紫色。花杂性，黄绿色，伞房状，无毛。翅果较小，长2.5～3cm，稀达3.5cm，张开成锐角，稀近于钝角。

果实

上部枝干

植株全貌

【分布】

产湖北西部、四川和云南等省。

【古树资源】

丽江市有小叶青皮槭古树4株。

白沙乡北岳庙有3株（编号121、122、123），均在玉龙祠外。

黄山乡文峰寺园路1株（编号198）。

黄山乡文峰寺园路旁的小叶青皮槭，树高18m，胸径82.8cm，树龄260年。该株古树体量大，树形挺拔伸展，生长旺盛

黄山乡文峰寺园路旁小叶青皮槭古树景观

玉龙祠外的小叶青皮槭，树高20m，胸径117.8cm，树龄200年

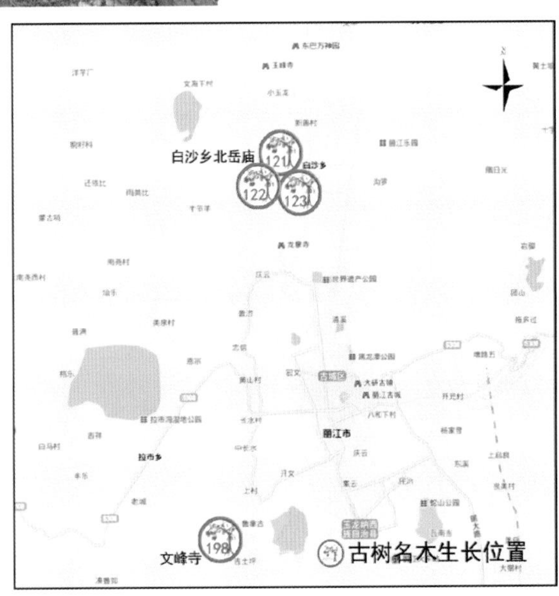

滇石栎（白柯、白皮柯、砚山白栎）

Lithocarpus dealbatus Rehd.

·壳斗科　　石栎属
Fagaceae　*Lithocarpus*

【形态特征】

常绿乔木。一年生枝密被灰黄色绒毛，具顶芽。叶厚纸质或革质，卵形，卵状椭圆形或披针形，长5～14cm，宽2～3.5（4）cm，先端短或长渐尖，基部楔形，全缘；嫩叶密被灰白色或灰黄色绒毛，两面同色或叶背带灰色，有蜡鳞层；叶柄8～20mm，被黄色柔毛。果序长10～20cm，壳斗碗状，包着坚果2/3～3/4，径1～1.5cm，高0.8～1.5cm，被黄色毡毛；小苞片三角形，长1～3mm。坚果近球形或扁球形，径1～1.3cm，顶部有灰黄色细柔毛，果脐隆起。

果实

雄花序、总苞

【分布】

云南各地、贵州（清镇、威宁）、四川西南部（会理、德昌等地）。

【古树资源】

丽江现有滇石栎古树3株。

白沙乡2株（编号为150、151），均在普济寺旁。

黄山乡1株（编号197），在文峰寺普度桥旁。

白沙乡的一株滇石栎，树高19m，胸径133.8cm，树龄350年

调查组成员对古树进行每木检尺，记录数据

位于黄山乡滇石栎古树，树干自基部分为三叉，胸径分别为79.6cm、76.4cm、73.2cm，树高19m，树龄260年

黄山乡滇石栎古树景观

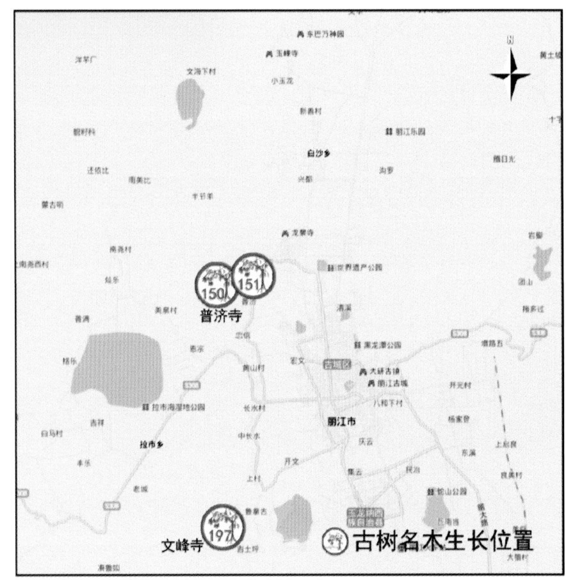

碧桃（千叶桃花）

Amygdalus persica Linn. var. *persica* Linn. f. *duplex* Rehd.

·蔷薇科　　桃属
Rosaceae　　*Amygdalus*

【形态特征】

落叶乔木。小枝有顶芽，红褐色或褐绿色，无毛。单叶互生，叶椭圆状披针形，长6～15cm，宽3～6cm，先端渐尖，边缘有锯齿，叶柄有腺体。花单生或两朵生于叶腋，重瓣，粉红色。子房上位，核果。

果实

花

植株全貌

【分布】

原产中国，分布在西北、华北、华东、西南等地，主要城市有江苏、山东、浙江等。现世界各国均已引种栽培。

【古树资源】

丽江市有碧桃古树3株。其中西安街义武庙内1株（编号217），束河大觉宫内2株（编号234、235）。

位于束河大觉宫内的碧桃分支较低，树高5m，胸径cm，树龄100年。已进行挂牌保护，并有支架支撑

香樟（樟树、樟木、芳樟、豫樟）

Cinnamomum camphora （Linn.）Presl

·樟科　　樟属

Lauraceae　*Cinnamomum*

【形态特征】

常绿乔木。小枝淡绿无毛。植物体具樟脑香味。单叶互生，叶薄革质，卵形或椭圆状卵形，长6～12cm，顶端短尖或近尾尖，基部宽楔形或稍圆，边缘波状，下面灰绿色，离基3出脉，脉腋有腺点。圆锥花序腋生，花黄绿色。核果卵球形或近球形，成熟后为黑紫色，径6～8mm，果托杯状，果梗不增粗。

果实

花

【分布】

产中国南部至西南部各省，以江西、台湾、湖南、湖北、贵州、云南最多。越南、日本等地亦有分布。

【古树资源】

丽江有香樟古树3株，均位于白沙乡普济寺内（编号155、156、157）。

白沙乡普济寺内的一株香樟古树，树高18m，胸径50cm，树龄100年

白沙乡普济寺内香樟古树景观

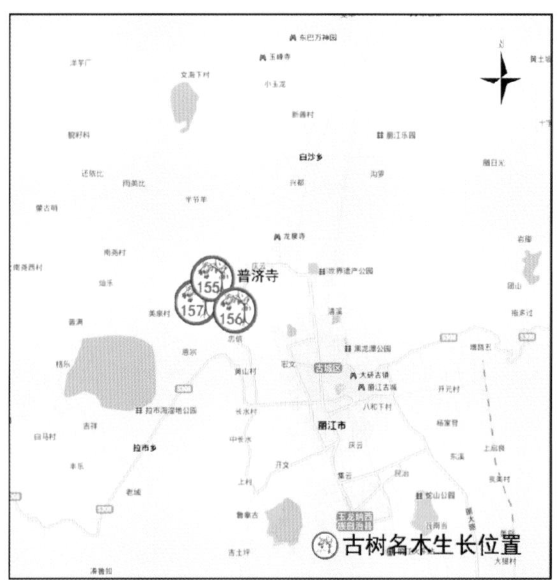

云南移校（桃姨、西南移棍、斯不）

Docynia delavayi（Franch.）C.K. Schneid.

·蔷薇科　　移校属

Rosaceae　*Docynia*

【形态特征】

常绿乔木。小枝粗壮，圆柱形，幼时密被黄白色绒毛，逐渐脱落，老枝紫褐色。叶片披针形或卵状披针形，长6～8cm，宽2～3cm，先端急尖或渐尖，基部宽楔形或近圆形，全缘或稍有浅钝齿。伞形花序具3～5朵花，花萼片比萼筒稍短，花瓣基部有爪，白色。梨果卵形或长圆形，径2～3cm，黄色，幼果密被绒毛，成熟后微被绒毛或近于无毛，通常有长果梗，萼片宿存，直立或合拢。

花和果实

【分布】

产云南、贵州、四川等省区。

【古树资源】

丽江有云南移𣏾属古树2株，都位于白沙乡，1株在北岳庙外（编号120），1株在普济寺内（编号153）。

普济寺内的云南移𣏾

北岳庙外的云南移𣏾（400年）

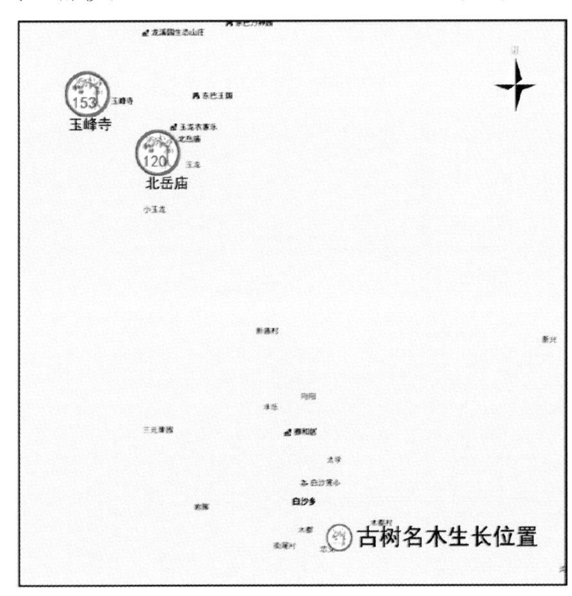

藤萝（紫藤萝、朱藤）

Wisteria villosa Rehd.

· 蝶形花科　　紫藤属
Papilionaceae　*Wisteria*

【形态特征】

落叶藤本。冬芽灰黄色。一回奇数羽状复叶，长15～32cm，叶柄长2～5cm，纸质，卵状长圆形至椭圆状长圆形，小叶4～5对，先端短渐尖至尾尖，基部阔楔形或圆形，上面疏被白色柔毛，下面较密；小叶柄长3～4mm。总状花序生于枝端，下垂，花序长30～35cm，径8～10cm；花冠蝶形，堇青色，旗瓣圆形，先端圆钝，基部心形，翼瓣和龙骨瓣阔长圆形，龙骨瓣先端具1齿状缺刻。荚果倒披针形，长18～24cm，宽2.5cm，密被褐色绒毛。

花

主干形态

【分布】

分布于我国华北、华东、华中至西南地区，生于山坡灌丛及路旁。

【古树资源】

丽江现有藤萝古树2株。其中狮子山公园内1株（编号38），现文小学内1株（编号64）。

狮子山公园内的藤萝，树高5m，树龄200年，树干自基部分为多叉。藤萝本为藤本，因生长年月长而呈乔木状

现文小学内的藤萝，树高2m，胸径35cm，树龄410年

柽柳（三春柳、垂丝柳、观音柳、西河柳、红荆条）

Tamarix chinensis Lour.

· 柽柳科　　　　　柽柳属
Tamaricaceae　　*Tamarix*

【形态特征】

落叶乔木。老枝直立，幼枝，常开展而下垂，红紫色或暗紫红色。叶互生，鳞片状钻形或卵状披针形，长1～3mm，无柄，无托叶。每年开花两三次。夏、秋季开花；总状花序，较春生者细，生于当年生幼枝顶端，组成顶生大圆锥花序，疏松而常下垂。花5数，粉红色；萼片卵形；花瓣椭圆状倒卵形，长约2mm；雄蕊着生在花盘上，花药2室，纵裂；子房上位。蒴果圆锥形，3瓣裂。

花

植株全貌

【分布】

野生于辽宁、河北、河南、山东、江苏（北部）、安徽（北部）等省，栽培于我国东部至西南部各省区。在日本、美国也有栽培。

【古树资源】

丽江现有柽柳古树2株。其中丽江市第一中学1株（编号108），白沙乡1株（编号130）。

柽柳枝条柔软下垂，姿态婆娑，为观音菩萨净瓶中的柳枝，因此也称观音柳。相传柽柳的前身是玉皇大帝殿前的植物，因为有一天不小心刮烂了玉皇大帝的衣服，于是就给降罪到人间的沙漠中去防风固沙来赎罪，所以耐旱性、耐盐性极强。因其顽强的生命力，受到人们的崇拜，得到有效保护。

丽江市第一中学内的柽柳，树高7m，胸径38.2cm，树龄260年。树体倾斜，已进行挂牌保护，并有支架支撑

白沙乡的柽柳，树干自基部分为两叉，胸径分别为54.1cm、92.4cm，树高7m，树龄510年。树体倾斜严重，已有支架支撑

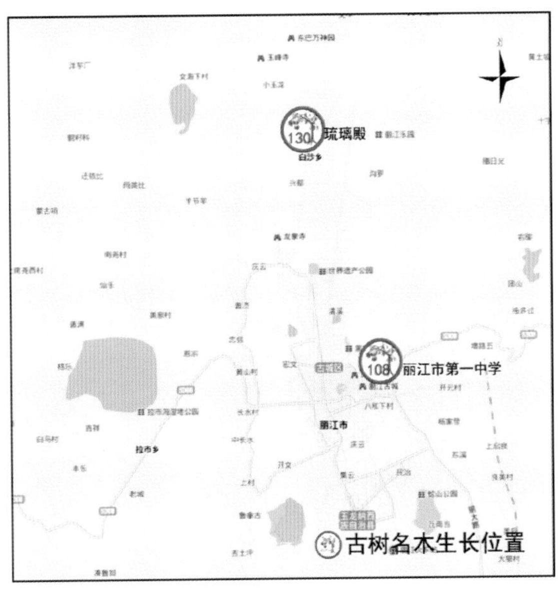

云南山茶（滇山茶、凤仪早报春、野花茶、大茶花、南山茶）

Camellia reticulata Lindl.

·山茶科 Theaceae　　山茶属 *Camellia*

【形态特征】

常绿灌木至小乔木。单叶互生，叶革质，椭圆形或卵状披针形，长7～12cm，宽4～5.5cm，先端渐尖，基部钝圆或宽楔形，叶缘具细锐锯齿，上面深绿色，无光泽，叶背淡绿色，侧脉明显，无托叶。花顶生，无花柄，径8～19cm，花色自淡红至深紫；花瓣15～20；花丝连成短筒，子房密被柔毛。蒴果扁球形，无宿存萼片，木质，果皮无毛，种子无翅，花期极长，从12月下旬至翌年5月。

单瓣花

果实

重瓣狮子头

【分布】

原产我国云南，在江苏、浙江、广东等省均有栽培，在北方各省有少量盆栽。生于海拔2000～2300m松林或阔叶林中。

【古树资源】

丽江有云南山茶古树1株，位于玉峰寺茶花园内（编号116）。

花开万朵的山茶

玉峰寺茶花园内的云南山茶古树，树高7m，树龄320年，分枝低矮。此株古树俗称“万朵茶”，以红花油茶为砧木，狮子头为接穗，形成了单瓣云南山茶和重瓣狮子头两种花型交错并开的景观

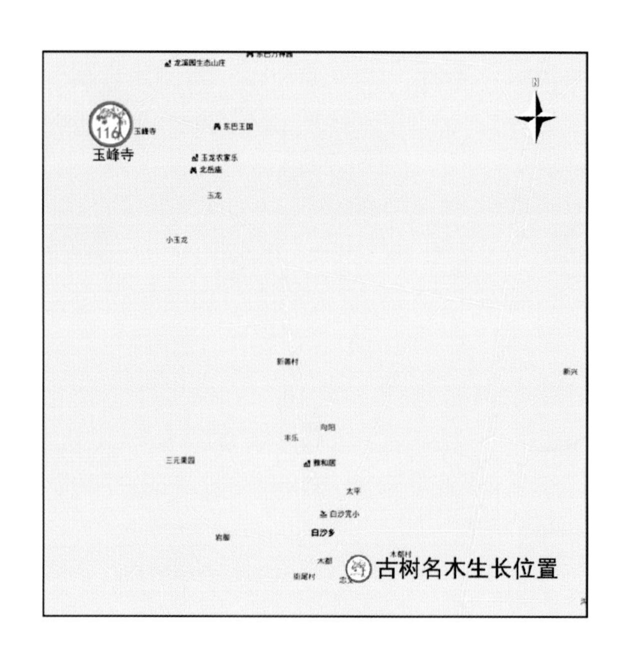

野桂花（云南桂花）

Osmanthus yunnanensis（Franch.）P. S. Green

·木犀科　木犀属
Oleaceae　*Osmanthus*

【形态特征】

常绿乔木。小枝光滑，幼时被柔毛。单叶对生，革质，卵状披针形或椭圆形，长8～14cm，宽2.5～4cm，先端渐尖，基部宽楔形或近圆形，全缘或上半部有锯齿，两面无毛，具针尖状突起腺点；叶柄长0.6～1.5cm，无毛，上面有浅沟。花簇生于叶腋，花冠黄白色，花梗无毛。核果长卵形，长1～1.5cm，紫黑色。

果实　　　　植株全貌

【分布】

产宾川、丽江、鹤庆、中甸、贡山、大关等地，生于山坡密林或疏林；四川也有。

【古树资源】

丽江有野桂花古树1株，位于黄山乡文峰寺（编号185）。

位于黄山乡文峰寺的野桂花，树高12m，胸径57.3cm，树龄260年

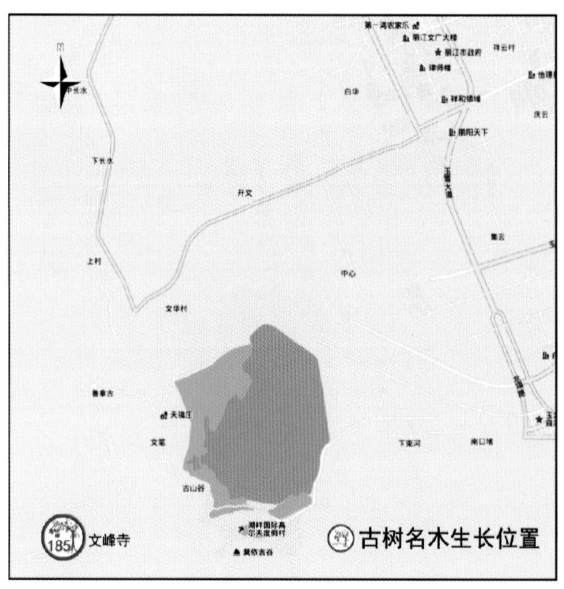

杏梅

Armeniaca mume Sieb. var. *bungo* Makino

· 蔷薇科　　杏属
Rosaceae　*Armeniaca*

【形态特征】

落叶乔木。小枝无毛，稀幼时疏生短柔毛，灰褐色或淡红褐色。无顶芽。叶互生，卵形或近圆形，先端长渐尖至尾尖，基部圆形至近心形，叶边有细钝锯齿，两面无毛，稀下面脉腋间具短柔毛，叶柄无毛，有或无小腺体。花多为复瓣，水红色，瓣爪细长。

叶

【分布】

我国北部地区，河北、山西等地，我国亚热带和温带地区有栽培。

【古树资源】

丽江市有杏梅古树1株，位于玉峰寺十里香院（编号115）。

玉峰寺十里香院中的杏梅，树高7m，胸径38.2cm，树龄240年

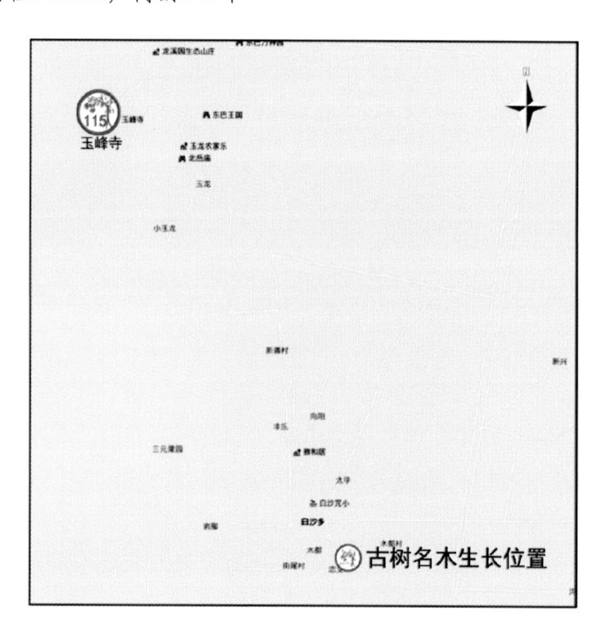

白玉兰（玉兰、木兰）

Magnolia denudata Desr.

· 木兰科　木兰属

Magnoliaceae　*Magnolia*

【形态特征】

落叶小乔木。小枝具环状托叶痕，嫩枝及芽外披黄色短柔毛。冬芽大，密生灰绿或灰绿黄色绒毛。叶片互生，宽倒卵形至倒卵形，长10～18cm，宽6～12cm，先端圆、平截或微凹，具突尖的小尖头，基部楔形，下面疏被柔毛，侧脉8-10对，全缘。叶柄长1～2.5cm，托叶痕为叶柄长的1/4～1/3。花先叶开放，单生枝顶，白色，花被片9。聚合蓇葖果圆柱形，长8～12cm，木质，具白色皮孔，种子扁圆形，鲜红色。

果实

花

先花后叶景观

植株全貌

【分布】

云南、贵州、湖南、江西、浙江有分布，现于全国各地庭院中广泛栽培。

【古树资源】

丽江有白玉兰古树1株，位于白沙乡文昌宫院内（编号129）。

白玉兰花朵大，色白，圣洁典雅，有高洁、芬芳、纯洁之意，花形俏丽，开放时溢发幽香，自古以来庭院栽培的首选树种之一，白沙壁画展示了藏传佛教与儒、道和谐相处的故事。

白沙乡文昌宫院内的白玉兰，树干自基部分叉，胸径分别为12.7cm和16.2cm，树高2m，树龄120年。树形优美

桃（毛桃）

Amygdalus persica Linn.

· 蔷薇科　　桃属
Rosaceae　*Amygdalus*

【形态特征】

落叶乔木。常3芽并生，中间为叶芽，两侧为花芽，有顶芽。叶椭圆状披针形，长7～15cm，先端短渐尖，基部宽楔形，边缘具细锯齿，叶柄或叶边常有腺体。花粉红色；子房和核果被短毛，果实外面有纵沟，果核有穴状窝点。

果实

植株全貌

【分布】

原产我国，各地广泛种植，主产于我国西部和西北部。世界各地均有栽培。

【古树资源】

丽江有桃古树1株，在白沙乡普济寺内（编号148）。

自古以来，桃始终被视为福寿吉祥的象征，人们认为桃是仙家的果实，吃了可以长寿，故桃又有仙桃，寿桃的美称。桃花象征着春天、爱情、美颜与理想世界，枝木用于驱邪求吉，古人常用桃木做成桃符，桃木剑来辟邪驱怪，在民间巫术信仰中源自于万物有灵观念。

白沙乡普济寺内的桃树，树高6m，胸径76.4cm，树龄100年。古树树体倾斜且树干有中空现象，无外力支撑

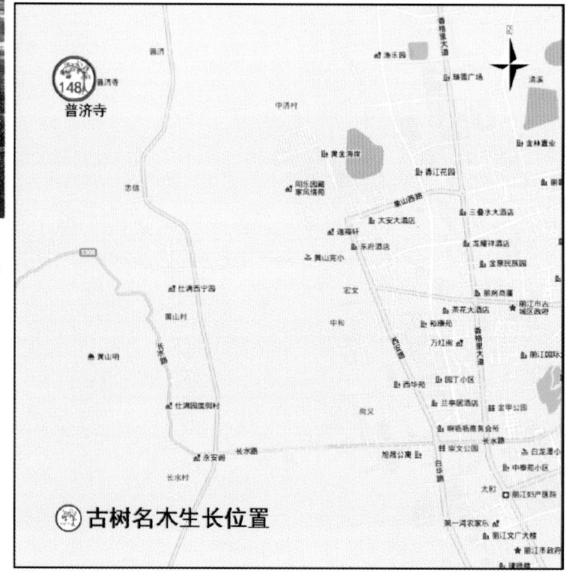

圆柏（桧、红心柏、珍珠柏）

Sabina chinensis（L.）Ant.

·柏科 圆柏属

Cupressaceae *Sabina*

【形态特征】

常绿乔木。幼树的枝条通常斜向伸展，形成尖塔形树冠，老则下部大枝平展，形成广卵形树冠；生鳞叶的小枝近圆形或近四棱形。叶二型，幼树全为刺叶，老龄树则全为鳞叶，壮龄树兼有刺叶与鳞叶；鳞叶交互对生，刺叶轮生。球果的种鳞与苞鳞合生，球形，肉质，径0.6～0.8mm ，熟时暗褐色，有1～4粒种子。

上部枝干

【分布】

主产内蒙、河北、山西、山东等省区，云南、西藏有栽培。

【古树资源】

丽江有圆柏古树1株，位于狮子山公园嵌雪楼院内（编号36）。

狮子山公园嵌雪楼院内的圆柏，树干自基部分成两叉，胸径分别为17.1cm和19.5cm，树高12m，树龄200年

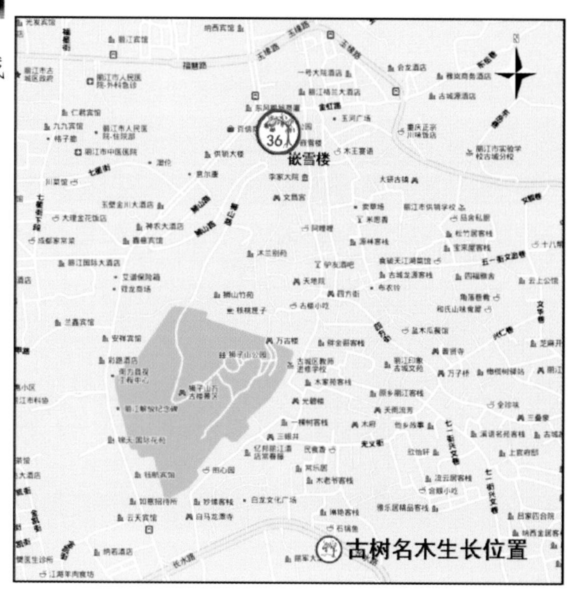

枇杷（芦橘）

Eriobotrya japonica（Thunb.）Lindl.

·蔷薇科　　枇杷属
Rosaceae　*Eriobotrya*

【形态特征】

常绿乔木，小枝、叶背、花均密被锈色或灰棕色绒毛。叶革质，披针形、倒披针形或椭圆状长圆形，长12～30cm，宽3～10cm，先端渐尖或急尖，基部楔形或下延至叶柄，边缘具疏锯齿，基部全缘，上面多皱，侧脉11～21对，叶柄长0.6～1cm，花梗长2～5cm，花径1.2～2cm。梨果球形或长圆形，径2～5cm，黄色或桔黄色。

果实

花

【分布】

广泛栽培于甘肃、陕西、河南、江苏、安徽、浙江、江西、湖北、湖南、四川、贵州、广西、广东、福建、台湾。日本、印度、越南、缅甸、泰国、印度尼西亚也有栽培。

【古树资源】

丽江有枇杷古树1株，位于白沙乡普济寺前（编号141）。

位于白沙乡普济寺前的枇杷，树高8m，胸径35cm，树龄240年。树体倾斜，有支架支撑

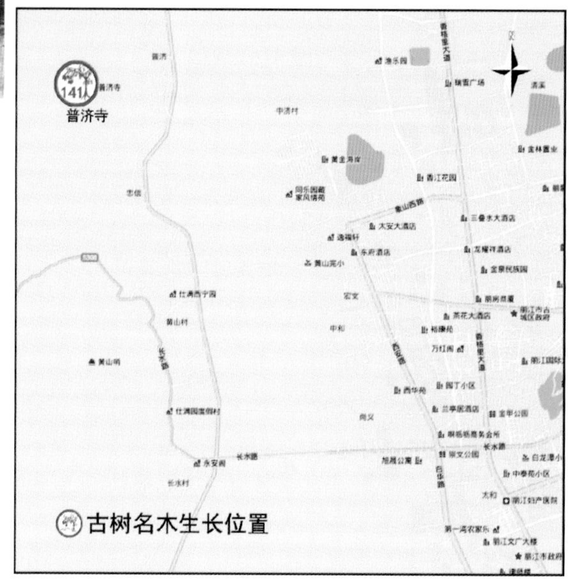

西府海棠（小果海棠、海红）

Malus micromalus Makino

·蔷薇科　　苹果属

Rosaceae　*Malus*

【形态特征】

落叶小乔木。叶片长椭圆形或椭圆形，长5～10cm，宽2.5～5cm，先端急尖或渐尖，基部楔形稀近圆形，边缘有锐尖锯齿，嫩叶被短柔毛，下面较密，老时毛脱落；托叶膜质，线状披针形，边缘疏生腺齿，早落；叶柄长2～3.5cm。伞形总状花序有花4～7朵，生于小枝顶端；萼筒外被白色长绒毛；花径4～5cm，花瓣近圆形或长椭圆形，基部有爪，粉红色；雄蕊花药黄色。梨果近球形，直径1～1.5cm，红色，萼多数脱落，少数宿存。

果实

花

植株全貌

【分布】

河北、山东、山西、辽宁、新疆、甘肃、陕西等地有分布，云南有栽培。

【古树资源】

有古树1株，位于束河大觉宫内（编号236）。

位于束河大觉宫内的西府海棠，树高7m，胸径21.3cm，树龄180年。已进行挂牌保护，古树生长状况良好

滇皂荚

Gleditsia japonica Miq. var. *delavayi* （Franch.） L. C. Li

·苏木科 皂荚属

Caesalpiniaceae *Gleditsia*

【形态特征】

落叶乔木。干、枝常具分枝的粗刺。叶为一回偶数羽状复叶，常簇生，小叶7～9对，近革质，长椭圆形，长3～6.5cm，宽1.5～4cm，先端圆形微凹，基部圆，微偏斜，边缘具圆锯齿，无毛。花白色，长7～8mm，花冠假蝶形，两侧对称，排成稀疏的穗状或总状花序，花梗短，花序腋生或顶生，被柔毛。荚果带状，长30～54cm，宽4.5～7cm，扁而弯，有时扭转，革质，无毛，棕黑色，网脉明显，腹缝线常于种子间缢缩。

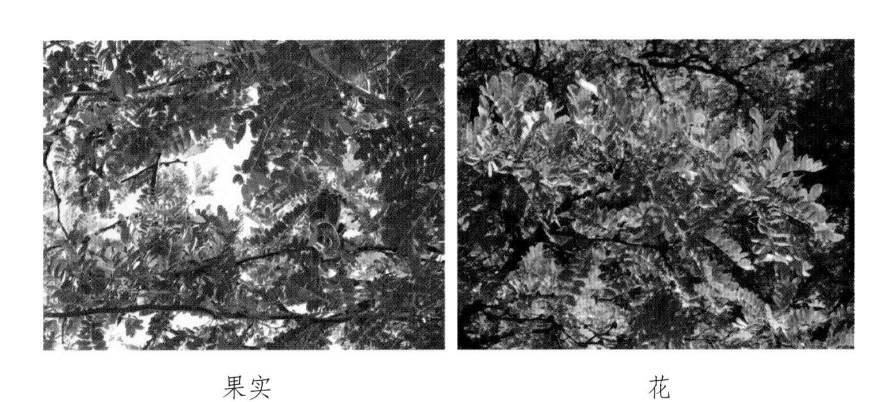

果实 花

植株全貌

【分布】

云南昆明、嵩明、大姚、禄丰、宾川、漾濞、会泽、永胜、维西、贡山、文山、砚山、蒙自、建水、屏边、景东等地。贵州有分布。

【古树资源】

丽江滇皂荚古树1株，位于束河中济村（编号246）。

位于束河中济村的滇皂荚，树高14m，胸径164cm，树龄650年。古树树体高大，生长旺盛。此树相传为该村和氏先民于宋末元初迁居此地时栽种的纪念树，被当地村民奉为风水树

黄背栎

Quercus pannosa Hand.-Mazz.

·壳斗科 Fagaceae　栎属 *Quercus*

【形态特征】

常绿灌木或小乔木。小枝被绒毛，后渐无。叶卵形，倒卵形或椭圆形，长2～2.5cm，宽1～3cm，顶端圆钝或有短尖，基部圆形或浅心形，全缘或有刺状锯齿，幼时两面有毛；叶柄长1～4mm，有毛。壳斗浅碗状，包坚果1/3～1/2，直径1～2 cm，高0.6～1 cm，内壁有棕色绒毛；苞片窄卵形，长约1 mm。坚果卵形至近球形，直径1～1.5cm，高1.5～2 cm，果脐微凸起。

上部枝干

叶背被毛情况及叶形

【分布】

产云南、贵州、四川。为西南高山地区组成硬叶常绿栎林的主要树种。

【古树资源】

丽江现有黄背栎1株，位于白沙乡普济寺内（编号152）。

白沙乡普济寺内的黄背栎，树高20m，于树基部分枝，胸径分别为63.7cm、108.3cm，树龄300年。古树生于寺庙内，有经幡围绕

常绿假丁香（裂果女贞）

Ligustrum sempervirens（Franch.）Lingelsh.

·木犀科　　女贞属

Oleaceae　　*Ligustrum*

【形态特征】

常绿灌木。幼枝具棱，密被微柔毛，紫红色。叶片厚革质，椭圆形、宽椭圆形、卵形至近圆形，长1.5～6cm，宽1～3.5cm，先端急尖或近圆形，基部楔形、宽楔形至近圆形，边缘反卷，叶上面暗绿色，光亮，微被毛；下面黄绿色，无毛，通常两面具斑状腺点。圆锥花序顶生，长4～7cm，花密集，花序轴具棱，被微柔毛或无毛。核果宽椭圆形，长6～8mm，直径5～6mm，成熟时呈紫黑色，室背开裂。花期6～7月，果期8～11月。

果实

植株全貌

【分布】

产云南西北部、四川西南部。

【古树资源】

丽江常绿假丁香古树1株，位于白沙乡普济寺内（编号154）。

位于白沙乡普济寺内的常绿假丁香，树高10m，树龄200年，于及腰处分枝，树主体被攀缘植物覆盖。已进行挂牌保护，但树种鉴定错误

核桃（胡桃、铁核桃、羌桃）

Juglans regia Linn.

· 胡桃科 胡桃属
Juglandaceae *Juglans*

【形态特征】

落叶乔木。树冠广阔，树皮幼时灰绿色，老时灰白色纵向开裂，枝条髓部成薄片状分隔。奇数羽状复叶，长25～30cm，叶柄及叶轴幼时被有极短腺毛及腺体；小叶5～9对，椭圆状卵形至长椭圆形，长6～15cm，宽3～6cm，全缘；幼叶具齿，无毛；顶生小叶具柄。花单性，雌雄同株，雄花形成下垂的葇荑花序，雌花穗状。核果圆球形，径4～6cm。

果实

雄花序

【分布】

华北、西北、西南、华中、华南和华东以及云南全省。中亚、西亚、南亚和欧洲也有分布。

【古树资源】

丽江有核桃古树1株，位于清溪村（编号27）。

早在公元前3世纪张华著的《博物志》一书中有“张骞使西域，得还胡桃种”的记载。核桃果有“长寿果”、“万岁子”的美誉。

位于清溪村的核桃古树，树高13m，胸径60.2cm，树龄150年。树体高大，树枝舒展。

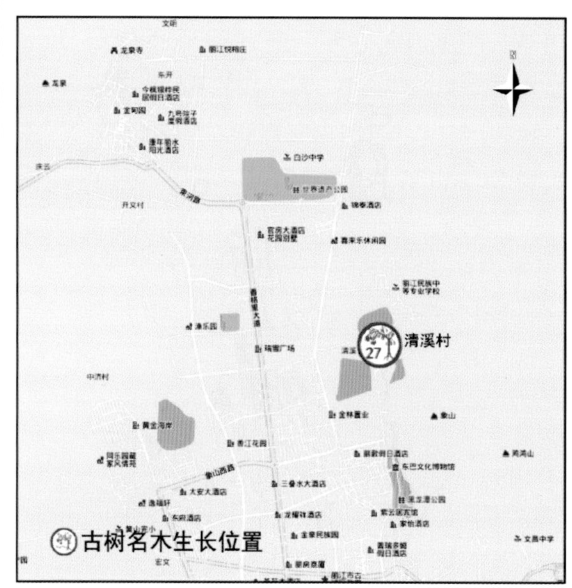

棠梨（川梨、棠梨刺、土梨、野梨子、灰梨）

Pyrus pashia Buch.-Ham. ex D. Don

· 蔷薇科　梨属

Rosaceae　*Pyrus*

【形态特征】

落叶乔木。枝具刺。叶片卵形至长卵形，稀椭圆形，长4～7cm，宽2～5cm，先端渐尖或急渐尖，基部圆形，边缘钝锯齿，在幼苗或萌蘖至上的叶片常分裂并有尖锐锯齿；叶柄被灰白色绒毛；托叶膜质，线状披针形，两面均被绒毛，早落。伞形总状花序，具花7～13朵，总花梗和花梗均被灰白色绒毛，花白色，花瓣具爪，花药紫色。梨果近球形，直径0.5～2cm，褐色。

果实

花

植株全貌

【分布】

辽宁、河北、河南、山东、山西、陕西、甘肃、湖北、江苏、安徽、江西、云南等地。

【古树资源】

丽江有棠梨古树1株，位于白沙乡福国寺前（编号138）。

位于沙乡福国寺前的棠梨，树高11m，胸径63.7cm，树龄200年

云南松

Pinus yunnanensis Franch.

·松科　　　松属
Pinaceae　　*Pinus*

【形态特征】

常绿乔木。叶3（2）针一束，长10～30cm，叶内具有2条维管束，横切面扇状三角形或半圆形，叶鞘宿存。球果圆锥状卵圆形，长5～11cm，径4～7cm，种鳞与苞鳞分离，鳞盾通常肥厚、隆起，稀反曲，有横脊，鳞脐微凹或微隆起，背生有短刺；种子具翅。

球果

雄球花

【分布】

产于云南、广西西部、贵州西部、四川西南部、西藏东南部，多分布于海拔1000～2400m的广大地区。

【古树资源】

丽江有云南松古树1株，位于西安街义正社区委员会（编号214）。

位于西安街义正社区委员会内的云南松古树，树高3.5m，树龄150年。树形优美，分枝低矮，有支架支撑

石楠（凿木、千年红、石纲、将军梨）

Photinia serrulata Lindl.

·蔷薇科 Rosaceae　　石楠属 *Photinia*

【形态特征】

常绿灌木或乔木。小枝无毛。叶片革质，长椭圆形、长倒卵形或倒卵状椭圆形，长9～22cm，宽3～6.5cm，先端尾尖，基部圆形或宽楔形，边缘有疏生具腺细锯齿，近基部全缘，上面光亮，中脉显著；叶柄长2～4cm，幼时有绒毛。复伞房花序顶生，径10～16cm；总花梗和花梗无毛，花瓣白色，花径6～8mm；花托杯状。梨果球形，径5～6mm，红色，后成褐紫色。

果实

花

植株全貌

【分布】

陕西、甘肃、河南、江苏、安徽、浙江、江西、湖南、湖北、福建、台湾、广东、广西、四川、贵州、云南（德钦、维西、香格里拉、福贡、丽江、鹤庆、洱源、大理、漾濞、永胜、楚雄、峨山、保山、景东、梁河、双江、禄劝、大姚、昆明、武定、砚山、富宁、广南、思茅、勐海）等地。日本、印度尼西亚也有分布。

【古树资源】

丽江有石楠古树1株，位于束河完小内（编号231）。

《本草纲目》称此树生于石间向阳之处，故曰："石楠"。其景观优美，秋冬季节红果累累，是观赏佳品。且寿命长，耐瘠薄土壤，生长强壮，因其强大的生命力，受到人们的敬仰。

位于束河完小内的石楠古树，树高17m，胸径60.5cm，树龄310年。生长旺盛，年年花果繁盛

云南柳（大叶柳）

Salix cavaleriei Lévl.

· 杨柳科 Salicaceae　　柳属 *Salix*

【形态特征】

落叶乔木。髓心近圆形，无顶芽。叶椭圆状披针形或窄卵状椭圆形，长4～11cm，宽2～4cm，先端渐尖，基部楔形，边缘具腺齿；叶柄长0.6～1cm，无毛。柔荑花序直立，长2～3.5cm，花序轴、子房具长柄。蒴果卵形，长约6mm，种子基部围有白色丝状长毛。

果实

植株全貌

【分布】

云南、西藏、四川、贵州、广西、广东等地，越南也有分布。

【古树资源】

丽江有云南柳古树1株，位于黑龙潭公园锁翠桥旁（编号1）。

黑龙潭公园内的云南柳，树高8.5m，胸径73.2cm，树龄70年。生长旺盛、树形优美

丽江云杉

Picea likiangensis (Franch.) Pritz.

·松科　　云杉属

Pinaceae　　*Picea*

【形态特征】

常绿乔木。小枝基部有宿存芽鳞，具有显著隆起的叶枕，叶枕下延，彼此间有凹槽，叶枕顶端凸起成木钉状。叶棱状条形或扁四棱形，长0.6～1.5cm，宽1～1.5mm，先端尖，四面均有气孔线，上（腹）面每边有白色气孔线4～7条，下（背）面每边有1～2条气孔线。球果顶生，下垂；种鳞和苞鳞分离，种鳞宿存，苞鳞短小，不露出。种鳞腹面基部着生2粒，种子连翅较种鳞短。

雌球花

雄球花、球果

【分布】

云南西北部、四川西南部。

【古树资源】

生长于丽江紫荆公园（编号名1）的47株丽江云杉，平均胸径6.6cm，平均高3m。长势较好，大部分已正常结果，是中共丽江地委、丽江地区行政公署、中共丽江县委、丽江纳西族自治县人民政府于1997年6月6日为纪念香港回归而种植的一片纪念林。

丽江云杉多生长于海拔2500～3800m的温暖湿润、冬季积雪、酸性土的高山地带，组成单纯林或与其他针叶树组成混交林，材质优良，生长较快，为分布区森林更新及荒山造林树种，是具有丽江本土特色的重要乡土树种。

香港回归纪念林

白水河段
东河中学
玉龙纳西族
自治县白沙中学
世界遗产
公园
世界遗产
公园(东门)
名1
紫荆公园
丽江柏尔曼
度假酒店
Pullman Lijiang
Resort & Spa 丽江
铂尔曼度假酒店
丽江花苑
丽江世界遗产
展示中心
东河路
香江路
锦泰酒店
东河古镇
香格里大道
玉屏路
官房大酒店
花园别墅
丽江官房大酒店
花园别墅(西门)
古树名木生长位置

参 考 文 献

邓莉兰. 2010. 风景园林树木学. 北京：中国林业出版社.

邓莉兰等. 2006. 石林风景名胜区古树名木. 昆明：云南科技出版社.

邓莉兰等. 2007. 玉溪中心城区及周边乡镇古树. 昆明：云南科技出版社.

建设部. 2000. 城市古树名木保护管理办法.

全国绿化委员会. 2001.全国古树名木普查建档技术规定. 12-13.

杨桂芳. 2012. 丽江古城园林植物应用现状及问题分析.中国园林，9：121-124.

杨立新，赵燕强，裴胜基. 2008. 纳西族东巴文化与生物多样性保护.林业调查规划， 33(2)：75-79.

云南植被编写组. 1987. 云南植被. 北京：科学出版社. 31-38，759-763.

中国科学院昆明植物研究所编著. 2006. 云南植物志. 北京：科学出版社.

中国科学院中国植物志编辑委员会编著. 1994.中国植物志. 北京：科学出版社.

重 要 网 站

丽江政务网. http://news.lijiang.gov.cn/others/article/2010-12/23/content_2631.htm

中国城市文化网. http://www.citure.net/info/201063/201063144319.shtml

中国植物物种信息库. http://www.plants.csdb.cn/eflora/Default.aspx

附表一　丽江市古树名木调查明细表

编号	树种	拉丁学名	海拔（m）	树高（m）	胸径(cm)	地径(cm)	树龄（年）	冠幅（m²）		长势	经纬度		地点
								长（m）	宽(m)		N	E	
1	云南柳	*Salix cavaleriei*	2419	8.5	73.2	95.5	70	12	10	旺盛	26°53'09.5"	100°13'59.9"	黑龙潭锁翠桥旁
2	高山栲群	*Castanopsis delavayi*	2421	17	78.3	85.1	300	10	8	一般	26°53'09.9"	100°14'01.9"	黑龙潭解脱林
3	高山栲	*Castanopsis delavayi*	2426	6	41.4	51	300	6	4	一般	26°53'09.4"	100°14'05.0"	黑龙潭梅园内
4	高山栲	*Castanopsis delavayi*	2430	5	35	44.6	300	4	2	濒死	26°53'09.5"	100°14'05.0"	黑龙潭梅园内
5	高山栲	*Castanopsis delavayi*	2414	9	54.1	63.7	300	6	4	一般	26°53'09.7"	100°14'03.3"	黑龙潭东巴研究所
6	君迁子	*Diospyros lotus*	2410	27	60.5	63.7	150	10	8	旺盛	26°53'10.5"	100°14'02.4"	黑龙潭万寿亭出水口
7	君迁子	*Diospyros lotus*	2411	13	51	57.3	150	10	6	一般	26°53'11.0"	100°14'02.6"	黑龙潭万寿亭出水口
8	高山栲群	*Castanopsis delavayi*	2415	18	85	120	300	10	8	一般	26°53'18.5"	100°14'02.4"	黑龙潭志刚书斋后
9	侧柏	*Platycladus orientalis*	2406	7	25.5	28.7	120	6	4	一般	26°53'16.3"	100°14'01.1"	黑龙潭戏台前休息区
10	梅	*Armeniaca mume*	2405	5	29.3	35	120	10	8	旺盛	26°53'16.3"	100°14'01.1"	黑龙潭戏台前休息区
11	侧柏	*Platycladus orientalis*	2407	10	25.5	28.7	120	6	4	一般	26°53'16.3"	100°14'01.4"	黑龙潭戏台前休息区
12	高山栲群	*Castanopsis delavayi*	2414	17	110	140	300	10	8	旺盛	26°53'19.3"	100°14'01.6"	黑龙潭珍珠泉边
13	梅	*Armeniaca mume*	2413	5	44.6	46.2	80	1	1	一般	26°53'24.8"	100°13'58.1"	黑龙潭五凤楼旁
14	梅	*Armeniaca mume*	2414	7	45.2	46.8	80	6	4	旺盛	26°53'24.7"	100°13'58.5"	黑龙潭五凤楼旁
15	梅	*Armeniaca mume*	2412	4	43.9	46.2	80	4	2	一般	26°53'24.5"	100°13'58.6"	黑龙潭五凤楼旁
16	梅	*Armeniaca mume*	2415	5	28.7	28.7	80	6	4	一般	26°53'24.1"	100°13'58.7"	黑龙潭五凤楼旁

续 表

17	昆明朴	*Celtis kunmingensis*	2452	23	76.4	82.8	70	14	12	旺盛	26°53'14.7"	100°13'58.3"	黑龙潭牡丹园
18	高山栲群	*Castanopsis delavayi*	2409	13	65	80	300	10	8	旺盛	26°53'44.5"	100°13'54.2"	古城区地震局院内
19	高山栲群	*Castanopsis delavayi*	2423	13	55	70	300	10	8	一般	26°53'48.9"	100°13'54.7"	丽江师专礼堂前
20	高山栲群	*Castanopsis delavayi*	2444	10	65	75	300	10	8	旺盛	26°53'52.3"	100°13'55.2"	丽江师专球场旁
21	干香柏	*Cupressus duclouxiana*	2437	30	63.7	70	100	6	4	旺盛	26°54'19.6"	100°13'53.5"	丽江清溪村
22	干香柏	*Cupressus duclouxiana*	2435	29	52.9	57.3	100	8	6	旺盛	26°54'19.7"	100°13'53.5"	丽江清溪村
23	干香柏	*Cupressus duclouxiana*	2437	28	49.7	54.1	100	8	6	旺盛	26°54'19.9"	100°13'53.6"	丽江清溪村
24	干香柏	*Cupressus duclouxiana*	2441	25	51	55.7	100	8	6	旺盛	26°54'20.0"	100°13'53.5"	丽江清溪村
25	干香柏	*Cupressus duclouxiana*	2440	27	65.3	71	100	8	6	一般	26°54'20.2"	100°13'53.8"	丽江清溪村
26	君迁子	*Diospyros lotus*	2425	15	78 51	114.6	150	16	14	一般	26°54'20.7"	100°13'55.1"	丽江清溪村
27	核桃	*Juglans regia*	2432	13	60.2	62.1	150	16	14	一般	26°54'21.2"	100°13'55.0"	丽江清溪村
28	干香柏群	*Cupressus duclouxiana*	2455	26	47	58	100	8	6	旺盛	26°54'05.0"	100°13'59.0"	丽江清溪小学旁
29	昆明朴	*Celtis kunmingensis*	2452	17	70.1	76.5	70	16	14	旺盛	26°54'05.6"	100°13'59.7"	丽江清溪村
30	昆明朴	*Celtis kunmingensis*	2446	15	73.2	82.8	70	14	12	旺盛	26°54'05.4"	100°13'59.8"	丽江清溪村
31	滇楸	*Catalpa fargesii* f. *duclouxii*	2421	17	68.2	79.6	200	14	12	一般	26°52'44.8"	100°13'54.5"	狮子山嵌雪楼院内
32	滇楸	*Catalpa fargesii* f. *duclouxii*	2427	16	73.2	83.1	200	14	12	旺盛	26°52'46.1"	100°13'54.2"	狮子山嵌雪楼院内

续 表

33	槐	*Sophora japonica*	2425	20	46.5 54.4 43.4	111.5	200	16	14	旺盛	26°52'45.2"	100°13'54.3"	狮子山嵌雪楼院内
34	槐	*Sophora japonica*	2431	18	47.8	54.8	200	16	12	旺盛	26°52'44.6"	100°13'54.7"	狮子山嵌雪楼院内
35	紫薇	*Lagerstroemia indica*	2431	6	22.3	23.9	200	1	1	一般	26°52'45.1"	100°13'54.9"	狮子山嵌雪楼院内
36	圆柏	*Sabina chinensis*	2427	12	17.5 19.1	31.5	200	1	1	一般	26°52'45.8"	100°13'55.2"	狮子山嵌雪楼院内
37	山玉兰	*Magnolia delavayi*	2429	9	42	55.7	100	10	8	旺盛	26°52'45.4"	100°13'54.6"	狮子山嵌雪楼院内
38	藤萝	*Wisteria villosa*	2431	5	13.1 16.2 11.8	21.7	200	—	—	旺盛	26°52'44.7"	100°13'54.7"	狮子山嵌雪楼院内
39	滇楸	*Catalpa fargesii* f. *duclouxii*	2418	11	74.8	76.5	180	8	6	较差	26°52'45.9"	100°13'55.5"	新华街双石段 30 门前
40	槐	*Sophora japonica*	2438	23	98.7	101.9	350	16	14	旺盛	26°52'41.1"	100°13'51.9"	狮子山文昌宫门前
41	昆明朴	*Celtis kunmingensis*	2435	25	114.6	127	160	18	16	旺盛	26°52'41.0"	100°13'52.9"	狮子山文昌宫门前
42	干香柏	*Cupressus duclouxiana*	2433	29	168.8	197.4	510	14	12	一般	26°52'39.9"	100°13'53.8"	狮子山文昌宫门前
43	昆明朴	*Celtis kunmingensis*	2430	19	76.4	82.8	160	16	14	旺盛	26°52'38.7"	100°13'52.9"	狮子山文昌宫围墙外
44	昆明朴	*Celtis kunmingensis*	2429	19	100.6	115.9	160	18	16	旺盛	26°52'40.6"	100°13'52.7"	狮子山文昌宫内
45	昆明朴	*Celtis kunmingensis*	2437	16	40.4 57.3	76.4	160	14	12	旺盛	26°52'39.1"	100°13'53.3"	狮子山文昌宫内

续 表

46	紫薇	*Lagerstroemia indica*	2443	7	37.6	33.4	360	8	6	旺盛	26°52'40.5"	100°13'52.2"	狮子山文昌宫内
47	桂花	*Osmanthus fragrans*	2441	7	28.7	36.6	320	10	8	旺盛	26°52'40.5"	100°13'52.1"	狮子山文昌宫内
48	滇楸	*Catalpa fargesii* f. *duclouxii*	2434	16	64.6	65.3	140	14	12	旺盛	26°52'39.8"	100°13'51.4"	狮子山文昌宫内
49	高山栲	*Castanopsis delavayi*	2427	14	79.6	89.2	150	8	6	一般	26°52'43.0"	100°13'51.3"	狮子山文昌宫内
50	昆明朴	*Celtis kunmingensis*	2433	16	79.6	89.2	140	16	14	旺盛	26°52'37.8"	100°13'51.8"	狮子山文昌宫内
51	滇楸	*Catalpa fargesii* f. *duclouxii*	2444	14	63.7	70.1	120	10	8	一般	26°52'32.1"	100°13'45.7"	狮子山公园门口
52	滇楸	*Catalpa fargesii* f. *duclouxii*	2441	16	60.5	62.1	120	14	12	旺盛	26°52'31.8"	100°13'45.6"	狮子山公园门口
53	滇楸	*Catalpa fargesii* f. *duclouxii*	2442	17	61.5	66.9	120	14	12	旺盛	26°52'31.8"	100°13'45.6"	狮子山公园门口
54	干香柏群	*Cupressus duclouxiana*	2452	29	88.2	98.7	500	10	8	旺盛	26°52'26.7"	100°13'51.3"	万古楼至木府山坡
55	侧柏群	*Platycladus orientalis*	2456	12	20.7	24.2	80	8	6	一般	26°52'26.1"	100°13'53.0"	万古楼至木府山坡
56	干香柏	*Cupressus duclouxiana*	2420	26	92.4	117.8	500	10	8	一般	26°52'23.1"	100°13'51.0"	木府三清殿后
57	干香柏	*Cupressus duclouxiana*	2430	32	136.9	197.5	500	8	6	一般	26°52'24.0"	100°13'51.3"	木府三清殿后
58	干香柏	*Cupressus duclouxiana*	2431	30	101.9	146.5	500	6	4	一般	26°52'24.0"	100°13'51.3"	木府三清殿后
59	紫薇	*Lagerstroemia indica*	2403	8	30.6 25.5	51	400	12	8	旺盛	26°52'23.5"	100°13'54.2"	木府玉音楼前
60	紫薇	*Lagerstroemia indica*	2403	8	47.5	57.3	400	8	6	一般	26°52'22.6"	100°13'54.3"	木府玉音楼前

续 表

61	山玉兰	*Magnolia delavayi*	2398	10	76.4	105.1	180	16	14	旺盛	26°52'22.6"	100°13'54.0"	木府玉音楼前
62	桂花	*Osmanthus fragrans*	2401	6	19.7	23.2	120	8	6	旺盛	26°52'21.5"	100°13'58.0"	木府南园
63	槐	*Sophora japonica*	2404	15	58.3	71	140	12	10	一般	26°52'22.6"	100°13'55.7"	木府光碧楼前
64	藤萝	*Wisteria villosa*	2402	2	35	41.4	410	—	—	旺盛	26°52'25.2"	100°13'58.8"	现文小学院内
65	干香柏	*Cupressus duclouxiana*	2402	26	60.5	70.1	160	10	8	旺盛	26°52'25.1"	100°13'59.1"	现文小学院内
66	昆明朴	*Celtis kunmingensis*	2405	16	73.2	111.5	80	16	14	旺盛	26°52'19.0"	100°13'53.0"	光义街光碧三眼井旁
67	槐	*Sophora japonica*	2398	20	62.1	82.8	300	14	12	旺盛	26°52'19.6"	100°13'52.2"	光义街光碧三眼井旁
68	槐	*Sophora japonica*	2402	15	44.6	53.2	300	12	10	旺盛	26°52'13.9"	100°13'44.9"	白马龙潭寺内
69	昆明朴	*Celtis kunmingensis*	2392	21	73.2	82.8	80	14	12	旺盛	26°52'14.0"	100°13'45.0"	白马龙潭寺内
70	槐	*Sophora japonica*	2402	18	51	57.3	300	14	12	旺盛	26°52'14.0"	100°13'44.9"	白马龙潭寺内
71	梅	*Armeniaca mume*	2360	4	22.3	25.8	100	6	4	旺盛	26°52'16.1"	100°13'51.3"	光义社区丽江粑粑展示点
72	桂花	*Osmanthus fragrans*	2399	5	23.2	28.3	100	10	8	旺盛	26°52'18.2"	100°13'59.4"	光义社区居委会院内
73	昆明朴	*Celtis kunmingensis*	2396	19	79.6	146.5	90	14	12	旺盛	26°52'33.7"	100°14'01.7"	古城大石桥旁
74	昆明朴	*Celtis kunmingensis*	2389	18	52.5	74.5	90	16	14	旺盛	26°52'34.9"	100°14'01.3"	古城大石桥旁
75	昆明朴	*Celtis kunmingensis*	2389	21	105.1	121	120	12	10	旺盛	26°52'40.1"	100°14'02.8"	新义街积善巷 22 号门前
76	昆明朴	*Celtis kunmingensis*	2417	20	68.5	92.4	100	14	12	旺盛	26°52'39.2"	100°14'06.6"	新义新仁小学
77	昆明朴	*Celtis kunmingensis*	2415	19	82.8	102	100	16	14	旺盛	26°52'38.8"	100°14'06.2"	新义新仁小学
78	昆明朴	*Celtis kunmingensis*	2413	16	74.8	91.1	100	14	12	旺盛	26°52'39.3"	100°14'06.2"	新义新仁小学

续 表

79	昆明朴	*Celtis kunmingensis*	2410	19	70.1	76.4	100	14	12	旺盛	26°52'39.7"	100°14'06.0"	新义新仁小学
80	昆明朴	*Celtis kunmingensis*	2409	19	97.1	105.1	100	16	14	旺盛	26°52'39.9"	100°14'06.2"	新义新仁小学
81	昆明朴	*Celtis kunmingensis*	2409	18	75.2	85	100	16	14	旺盛	26°52'40.0"	100°14'06.4"	新义新仁小学
82	紫薇	*Lagerstroemia indica*	2402	7	27.4	32.8	150	6	4	旺盛	26°52'40.1"	100°14'07.0"	新义新仁小学
83	侧柏	*Platycladus orientalis*	2402	9	22.3 25.8 26.9	44.6	150	10	6	旺盛	26°52'40.1"	100°14'07.1"	新义新仁小学
84	侧柏	*Platycladus orientalis*	2414	13	35	57.3	150	10	8	一般	26°52'39.1"	100°14'07.8"	新义新仁小学
85	干香柏	*Cupressus duclouxiana*	2417	26	56.7	86	150	10	8	旺盛	26°52'40.3"	100°14'07.9"	新义新仁小学
86	昆明朴	*Celtis kunmingensis*	2439	17	92.4	137	100	16	14	一般	26°52'37.9"	100°14'09.0"	五一街新仁上段 40 号门前
87	昆明朴	*Celtis kunmingensis*	2406	17	77.7	119.4	100	12	10	旺盛	26°52'36.8"	100°14'16.4"	五一街文治巷 48 号门前
88	昆明朴	*Celtis kunmingensis*	2404	17	76.4	85	100	16	12	旺盛	26°52'33.9"	100°14'17.1"	五一街文治巷 11 号门前
89	昆明朴	*Celtis kunmingensis*	2401	18	70.1	76.4	100	14	12	旺盛	26°52'33.3"	100°14'15.6"	五一街文治巷 160 号门前
90	昆明朴	*Celtis kunmingensis*	2402	16	58.6	79.6	80	16	14	旺盛	26°52'33.7"	100°14'15.4"	五一街文治巷 109 号门前
91	昆明朴	*Celtis kunmingensis*	2405	16	65.3	93.9	100	14	12	旺盛	26°52'33.5"	100°14'15.1"	五一街文治巷 109 号门前

续 表

92	昆明朴	*Celtis kunmingensis*	2420	20	93.9	129	100	16	14	旺盛	26°52'37.8"	100°14'19.5"	原丽江武警支队
93	昆明朴	*Celtis kunmingensis*	2418	20	92.4	129.6	100	16	14	旺盛	26°52'38.2"	100°14'19.3"	原丽江武警支队
94	槐	*Sophora japonica*	2453	18	70.1	76.4	210	12	10	旺盛	26°52'42.5"	100°14'21.3"	五一街文明巷 138 号门前
95	槐	*Sophora japonica*	2428	17	41.4 47.8	60.5	210	14	12	旺盛	26°52'37.3"	100°14'23.5"	五一街文明巷 138 号门前
96	昆明朴	*Celtis kunmingensis*	2397	19	76.4 33.4	89.2	100	16	14	旺盛	26°52'36.4"	100°14'29.8"	五一街文明巷 33 号门前
97	昆明朴	*Celtis kunmingensis*	2397	19	73.2	86	100	16	14	旺盛	26°52'34.9"	100°14'29.6"	五一街文明巷 33 号门前
98	昆明朴	*Celtis kunmingensis*	2401	16	76.4	82.8	100	12	10	旺盛	26°52'28.2"	100°14'18.1"	义尚街文化巷 11 号门前
99	侧柏	*Platycladus orientalis*	2398	8	14.6 24.2 22.3	63.7	180	10	8	旺盛	26°52'24.1"	100°14'23.4"	丽江黄山幼儿园
100	侧柏	*Platycladus orientalis*	2398	8	31.8 47.8	76.4	180	12	8	旺盛	26°52'24.1"	100°14'23.7"	丽江黄山幼儿园
101	山玉兰	*Magnolia delavayi*	2399	6	22.3 38.2	60.5	120	16	14	旺盛	26°52'24.7"	100°14'24.1"	丽江黄山幼儿园

续 表

102	滇楸群	*Catalpa fargesii* f. *duclouxii*	2395	18	57.3	70.1	140	14	12	旺盛	26°52'28.4"	100°14'25.9"	丽江市第一中学
103	槐	*Sophora japonica*	2393	17	76.4	98.7	220	16	14	旺盛	26°52'27.5"	100°14'25.7"	丽江市第一中学
104	昆明朴	*Celtis kunmingensis*	2394	16	76.4	100.3	100	16	14	旺盛	26°52'27.8"	100°14'25.0"	丽江市第一中学
105	干香柏	*Cupressus duclouxiana*	2399	23	87.3	111.5	170	10	8	旺盛	26°52'27.8"	100°14'25.4"	丽江市第一中学
106	干香柏	*Cupressus duclouxiana*	2402	24	73.2	81.5	170	10	8	一般	26°52'24.4"	100°14'26.5"	丽江市第一中学
107	侧柏	*Platycladus orientalis*	2401	11	21.3 24.5 26 29.6	57.3	150	12	10	旺盛	26°52'24.8"	100°14'27.7"	丽江市第一中学
108	柽柳	*Tamarix chinensis*	2393	7	38.2	52.5	260	10	8	一般	26°52'24.5"	100°14'28.9"	丽江市第一中学
109	滇楸	*Catalpa fargesii* f. *duclouxii*	2387	17	108.3	118	200	16	14	旺盛	26°52'42.7"	100°14'40.2"	义尚社区甘泽泉
110	滇楸	*Catalpa fargesii* f. *duclouxii*	2391	19	76.4 66.9	111.5	200	16	14	旺盛	26°52'42.9"	100°14'40"	义尚社区甘泽泉
111	昆明朴	*Celtis kunmingensis*	2456	20	76.4	82.8	100	14	12	旺盛	26°52'46.6"	100°14'37.5"	义尚社区甘泽泉
112	山玉兰	*Magnolia delavayi*	2705	8	51 66.9 98.7	152.9	230	14	12	旺盛	26°59'37.6"	100°11'46.3"	玉峰寺大殿前
113	云南含笑	*Michelia yunnanensis*	2724	4	14.6 12.7 18.5	63.7	240	10	8	旺盛	26°59'40.0"	100°11'45.0"	玉峰寺十里香院

续 表

114	云南含笑	*Michelia yunnanensis*	2720	4	15.3 18.8	57.3	240	8	6	旺盛	26°59'40.0"	100°11'44.9"	玉峰寺十里香院
115	杏梅	*Armeniaca mume* var. *bungo*	2713	7	38.2	39.8	240	10	8	旺盛	26°59'39.6"	100°11'44.7"	玉峰寺十里香院
116	山茶	*Camellia reticulata*	2723	7	13.9 19.1	35	320	10	8	旺盛	26°59'39.0"	100°11'43.2"	玉峰寺茶花院
117	银杏	*Ginkgo biloba*	2703	15	77.4	98.7	300	14	12	旺盛	26°59'27.2"	100°12'11.3"	白沙乡北岳庙
118	干香柏	*Cupressus duclouxiana*	2585	25	200.6	254.8	1200	1	1	濒死	26°59'26.8"	100°12'12.2"	白沙乡北岳庙
119	干香柏	*Cupressus duclouxiana*	2573	29	105.1	191.1	310	10	8	旺盛	26°59'25.2"	100°12'13.1"	白沙乡北岳庙外
120	云南移㭎	*Docynia delavayi*	2580	7	98.7	146.5	400	8	6	一般	26°59'25.4"	100°12'14.0"	白沙乡北岳庙外
121	小叶青皮槭	*Acer cappadocicum* var. *sinicum*	2573	20	117.8	273.9	200	16	14	旺盛	26°59'24.9"	100°12'14.0"	白沙乡北岳庙外
122	小叶青皮槭	*Acer cappadocicum* var. *sinicum*	2567	24	146.5	197.5	200	16	14	旺盛	26°59'24.7"	100°12'14.5"	白沙乡北岳庙外
123	小叶青皮槭	*Acer cappadocicum* var. *sinicum*	2569	10	146.5	194.3	200	6	4	一般	26°59'23.9"	100°12'13.3"	白沙乡北岳庙外
124	紫薇	*Lagerstroemia indica*	2525	9	51	54.1	180	8	6	旺盛	26°57'30.9"	100°12'59.9"	白沙乡文昌宫院内
125	紫薇	*Lagerstroemia indica*	2512	9	51	54.1	180	8	6	旺盛	26°57'30.3"	100°13'0.00"	白沙乡文昌宫院内
126	侧柏	*Platycladus orientalis*	2500	13	38.2	63.7	100	6	4	旺盛	26°57'30.2"	100°13'0.30"	白沙乡文昌宫院内

续 表

127	侧柏	*Platycladus orientalis*	2499	15	51	70.1	150	6	4	一般	26°57'30.2"	100°13'0.20"	白沙乡文昌宫院内
128	桂花	*Osmanthus fragrans*	2492	6	30.3	38.2	150	8	6	旺盛	26°57'30.9"	100°13'0.30"	白沙乡文昌宫院内
129	白玉兰	*Magnolia denudata*	2496	2	12.7 16.2	35	120	1	1	一般	26°57'31.3"	100°13'0.60"	白沙乡文昌宫院内
130	柽柳	*Tamarix chinensis*	2501	7	54.1 92.4	98.7	510	18	8	旺盛	26°57'30.6"	100°12'57.9"	白沙乡琉璃殿前
131	干香柏	*Cupressus duclouxiana*	2495	23	86	92.4	180	8	6	旺盛	26°57'30.5"	100°12'56.9"	白沙乡琉璃殿前
132	银杏	*Ginkgo biloba*	2498	24	133.6	222.9	400	18	16	旺盛	26°57'30.5"	100°12'55.7"	白沙乡大宝积宫院内
133	山玉兰	*Magnolia delavayi*	2691	8	38.2 43 60.5 51	101.9	400	16	14	旺盛	26°57'18.4"	100°11'50.3"	白沙乡福国寺前
134	梅	*Armeniaca mume*	2694	6	54.1	73.2	180	8	6	一般	26°57'18.3"	100°11'50.5"	白沙乡福国寺前
135	干香柏	*Cupressus duclouxiana*	2687	26	73.2	111.5	400	12	10	一般	26°57'18.1"	100°11'51.6"	白沙乡福国寺前
136	干香柏	*Cupressus duclouxiana*	2684	18	70.1	86	400	14	12	旺盛	26°57'18.5"	100°11'51.7"	白沙乡福国寺前
137	银杏	*Ginkgo biloba*	2690	16	101.9	152.9	400	16	14	旺盛	26°57'18.9"	100°11'51.6"	白沙乡福国寺前
138	棠梨	*Pyrus pashia*	2691	11	63.7	79.6	200	10	8	一般	26°57'21.3"	100°11'52.7"	白沙乡福国寺前
139	槐	*Sophora japonica*	2688	6	29.6	117.8	150	8	6	旺盛	26°57'16.1"	100°11'50.0"	白沙乡福国寺前
140	槐	*Sophora japonica*	2533	15	59.1 46.8	178.3	240	14	12	旺盛	26°54'03.3"	100°10'51.7"	白沙乡普济寺前
141	枇杷	*Eriobotrya japonica*	2535	8	35	66.9	240	10	6	旺盛	26°54'02.5"	100°10'51.0"	白沙乡普济寺前

续 表

142	山玉兰	*Magnolia delavayi*	2536	9	22.3 28.7 41.4	152.9	240	16	14	一般	26°54'02.0"	100°10'51.2"	白沙乡普济寺前
143	紫薇	*Lagerstroemia indica*	2537	8	15.9 19.1	38.2	240	8	6	旺盛	26°54'02.1"	100°10'50.6"	白沙乡普济寺前
144	高盆樱桃	*Cerasus cerasoides .*	2527	6	34.4 28.7 59.1	66.9	300	12	10	旺盛	26°54'01.4"	100°10'49.7"	白沙乡普济寺内
145	桂花	*Osmanthus fragrans*	2536	9	28.7 36.6 52.9	79.6	300	12	10	旺盛	26°54'01.8"	100°10'49.8"	白沙乡普济寺内
146	云南含笑	*Michelia yunnanensis*	2531	2	9.6 11.1 12.7 15.9	47.8	300	8	6	旺盛	26°54'01.8"	100°10'48.6"	白沙乡普济寺内
147	梅	*Armeniaca mume*	2545	6	28.7	36.6	120	10	8	旺盛	26°54'01.4"	100°10'50.3"	白沙乡普济寺内
148	桃	*Amygdalus persica*	2546	6	76.4	125.8	100	8	6	一般	26°54'0.60"	100°10'49.9"	白沙乡普济寺内
149	头状四照花群	*Dendrobenthamia capitata*	2541	19	60.5	146.5	350	16	14	一般	26°54'0.30"	100°10'50.0"	白沙乡普济寺内
150	滇石栎	*Lithocarpus dealbatus*	2547	19	133.8	197.5	350	16	14	一般	26°54'0.60"	100°10'50.0"	白沙乡普济寺内

续 表

151	滇石栎	*Lithocarpus dealbatus*	2540	19	136.9	194.3	350	18	16	旺盛	26°54'0.00"	100°10'50.6"	白沙乡普济寺内
152	黄背栎	*Quercus pannosa*	2543	20	63.7 108.3	184.7	300	12	10	旺盛	26°54'0.70"	100°10'49.9"	白沙乡普济寺内
153	云南移栋	*Docynia delavayi*	2554	17	41.4	51	300	10	8	一般	26°54'0.40"	100°10'49.7"	白沙乡普济寺内
154	常绿假丁香	*Ligustrum sempervirens*	2554	10	25.5 51	121	200	14	12	旺盛	26°54'01.3"	100°10'49.6"	白沙乡普济寺内
155	香樟	*Cinnamomum camphora*	2557	18	50	90	100	12	10	旺盛	26°54'0.90"	100°10'49.2"	白沙乡普济寺内
156	香樟	*Cinnamomum camphora*	2549	18	55	90	100	12	10	旺盛	26°54'01.1"	100°10'49.3"	白沙乡普济寺内
157	香樟	*Cinnamomum camphora*	2547	20	95	120	100	12	10	一般	26°54'01.3"	100°10'49.2"	白沙乡普济寺内
158	高盆樱桃	*Cerasus cerasoides*	2546	7	57.3	89.2	220	14	12	旺盛	26°54'01.9"	100°10'49.3"	白沙乡普济寺内
159	高盆樱桃	*Cerasus cerasoides*	2545	6	51	57.3	220	6	4	旺盛	26°54'01.9"	100°10'49.0"	白沙乡普济寺内
160	干香柏	*Cupressus duclouxiana*	2540	30	70.1	76.4	220	10	8	旺盛	26°54'03.0"	100°10'49.5"	白沙乡普济寺内
161	槐	*Sophora japonica*	2566	25	12.7 22.3 63.7	70.1	270	12	10	旺盛	26°51'44.0"	100°06'12.8"	拉市乡指云寺门前
162	干香柏	*Cupressus duclouxiana*	2497	21	86	92.4	270	10	8	一般	26°51'43.5"	100°06'12.0"	拉市乡指云寺门前
163	银杏	*Ginkgo biloba*	2455	25	117.8	121	270	18	16	旺盛	26°51'42.8"	100°06'10.8"	拉市乡指云寺门前

续 表

164	银杏	*Ginkgo biloba*	2448	25	102.9	116.2	270	16	14	旺盛	26°51'42.8"	100°06'10.6"	拉市乡指云寺门前
165	山玉兰	*Magnolia delavayi*	2449	5	51	62.4	270	6	4	旺盛	26°51'43.1"	100°06'10.7"	拉市乡指云寺门前
166	昆明朴	*Celtis kunmingensis*	2444	29	121	124.2	270	18	16	旺盛	26°51'43.1"	100°06'10.6"	拉市乡指云寺门前
167	干香柏	*Cupressus duclouxiana*	2447	19	89.2	98.7	270	10	8	一般	26°51'43.1"	100°06'11.3"	拉市乡指云寺门前
168	槐	*Sophora japonica*	2451	31	124.2	133.8	270	12	10	旺盛	26°51'43.2"	100°06'11.2"	拉市乡指云寺门前
169	昆明朴	*Celtis kunmingensis*	2453	31	111.5	121	100	18	16	旺盛	26°51'43.1"	100°06'11.3"	拉市乡指云寺门前
170	昆明朴	*Celtis kunmingensis*	2451	20	79.6	121	100	14	12	旺盛	26°51'43.3"	100°06'10.2"	拉市乡指云寺门前
171	昆明朴	*Celtis kunmingensis*	2455	19	38.2 30.3 24.8	66.9	120	14	12	旺盛	26°51'44.0"	100°06'09.3"	拉市乡指云寺门前
172	干香柏	*Cupressus duclouxiana*	2452	25	82.8	89.2	270	10	8	旺盛	26°51'43.6"	100°06'11.3"	拉市乡指云寺门前
173	侧柏	*Platycladus orientalis*	2452	17	63.7	73.2	270	10	8	旺盛	26°51'43.1"	100°06'09.9"	拉市乡指云寺内
174	高盆樱桃	*Cerasus cerasoides*	2453	3	51	70.1	270	8	6	旺盛	26°51'42.4"	100°06'08.8"	拉市乡指云寺内
175	梅	*Armeniaca mume*	2451	3	66.9	76.4	270	10	8	旺盛	26°51'42.6"	100°06'08.8"	拉市乡指云寺内
176	云南含笑	*Michelia yunnanensis*	2443	3	9.6 11.5 13.1 13.4	51	270	10	6	旺盛	26°51'42.2"	100°06'08.6"	拉市乡指云寺内
177	干香柏	*Cupressus duclouxiana*	2447	21	136.9	159.2	270	14	12	旺盛	26°51'40.7"	100°06'09.9"	拉市乡指云寺墙边
180	干香柏	*Cupressus duclouxiana*	2454	26	97.1	110.2	270	12	10	旺盛	26°51'42.7"	100°06'04.7"	拉市乡指云寺后院

续 表

1	2	3	4	5	6	7	8	9	10	11	12	13	14
182	槐	*Sophora japonica*	2447	16	84.4	111.5	200	14	12	旺盛	26°51'28.5"	100°07'31.6"	拉市乡海南村文体活动中心旁
183	干香柏	*Cupressus duclouxiana*	2702	26	70.1	121	260	10	8	旺盛	26°48'44.6"	100°10'52.6"	黄山乡文峰寺外
184	银杏	*Ginkgo biloba*	2707	23	114.6	130.6	260	12	10	旺盛	26°48'44.1"	100°10'52.6"	黄山乡文峰寺外
185	野桂花	*Osmanthus yunnanensis*	2704	12	57.3	66.9	260	12	10	旺盛	26°48'43.7"	100°10'52.8"	黄山乡文峰寺外
186	干香柏	*Cupressus duclouxiana*	2709	33	89.2	98.7	260	8	6	一般	26°48'43.5"	100°10'52.7"	黄山乡文峰寺外
187	槐	*Sophora japonica*	2714	16	60.5	66.9	260	16	14	一般	26°48'43.7"	100°10'52.6"	黄山乡文峰寺外
188	干香柏	*Cupressus duclouxiana*	2713	32	70.1	79.6	260	10	8	一般	26°48'43.6"	100°10'52.3"	黄山乡文峰寺外
189	干香柏	*Cupressus duclouxiana*	2702	34	41.4	92.4	260	10	8	一般	26°48'43.6"	100°10'52.3"	黄山乡文峰寺外
190	干香柏	*Cupressus duclouxiana*	2708	26	41.4	92.4	260	10	8	一般	26°48'44.0"	100°10'52.0"	黄山乡文峰寺外
191	干香柏	*Cupressus duclouxiana*	2708	27	93.3	113.7	260	8	6	一般	26°48'44.1"	100°10'52.1"	黄山乡文峰寺外
192	高盆樱桃	*Cerasus cerasoides*	2711	17	73.2	121	260	10	8	一般	26°48'43.5"	100°10'52.1"	黄山乡文峰寺内
193	山玉兰	*Magnolia delavayi*	2710	7	66.9	79.6	260	12	10	旺盛	26°48'42.9"	100°10'50.1"	黄山乡文峰寺内
194	云南含笑	*Michelia yunnanensis*	2705	4	25.5	30.3	260	8	6	旺盛	26°48'44"	100°10'48.9"	黄山乡文峰寺内
195	高山栲	*Castanopsis delavayi*	2701	35	121	305.7	260	20	18	旺盛	26°48'46.0"	100°10'55.9"	黄山乡文峰寺园路
196	高山栲	*Castanopsis delavayi*	2699	35	111.5	273.9	260	18	16	旺盛	26°48'45.9"	100°10'55.8"	黄山乡文峰寺园路
197	滇石栎	*Lithocarpus dealbatus*	2707	19	79.6 76.4 73.2	178.3	260	20	18	旺盛	26°48'46.9"	100°10'56.0"	黄山乡文峰寺园路

续 表

198	小叶青皮槭	*Acer cappadocicum* var. *sinicum*	2704	18	82.8	98.7	260	12	10	旺盛	26°48'47.5"	100°10'56.0"	黄山乡文峰寺园路
199	头状四照花	*Dendrobenthamia capitata*	2709	12	56.4	68.5	260	10	8	一般	26°48'46.4"	100°10'56.7"	黄山乡文峰寺园路
200	侧柏	*Platycladus orientalis*	2387	14	57.3 60.5	89.2	170	12	10	一般	26°49'16.3"	100°13'20.2"	下束河兴化寺外
201	侧柏	*Platycladus orientalis*	2384	14	73.2	111.5	170	14	12	一般	26°49'16.4"	100°13'19.9"	下束河兴化寺外
202	云南含笑	*Michelia yunnanensis*	2389	9	28.7 38.2	54.1	170	14	12	旺盛	26°49'14.7"	100°13'21.2"	下束河兴化寺内
203	梅	*Armeniaca mume*	2390	5	66.9	76.4	170	6	4	较差	26°49'15.3"	100°13'20.6"	下束河兴化寺内
204	桂花	*Osmanthus fragrans*	2395	12	54.1	60.5	170	10	8	一般	26°49'15.4"	100°13'20.4"	下束河兴化寺内
205	侧柏	*Platycladus orientalis*	2393	12	41.4	47.8	170	8	6	一般	26°49'15.3"	100°13'20.4"	下束河兴化寺内
206	干香柏	*Cupressus duclouxiana*	2491	28	76.4	82.8	200	12	10	旺盛	26°52'44.1"	100°14'35.3"	北门街文庙巷148号院中
207	干香柏	*Cupressus duclouxiana*	2459	22	43.3	48.7	200	10	8	旺盛	26°52'41.9"	100°14'22.9"	北门街文庙巷5号门前
208	滇楸	*Catalpa fargesii*. f. *duclouxi*	2459	17	76.4	82.8	180	12	10	旺盛	26°52'41.9"	100°14'16.2"	古城区粮食局
209	干香柏	*Cupressus duclouxiana*	2457	21	47.8 60.5	95.5	200	10	8	旺盛	26°52'47.8"	100°14'25.4"	北门街文庙巷20号门前
210	高山栲	*Castanopsis delavayi*	2425	10	68.8	78.8	150	8	6	一般	26°52'58.8"	100°14'28.4"	北门街金虹巷105号门前

续 表

211	高山栲群	*Castanopsis delavayi*	2425	13	89.2	101.9	150	8	6	一般	26°53'06.0"	100°13'58.0"	丽江市地委党校内
212	高山栲群	*Castanopsis delavayi*	2425	13	89.2	101.9	150	8	6	一般	26°53'05.0"	100°13'57.8"	丽江市地委党校外
213	高山栲群	*Castanopsis delavayi*	2422	14	60.5	73.2	150	8	6	旺盛	26°52'56.9"	100°13'58.3"	原丽江水运处
214	云南松	*Pinus yunnanensis*	2422	3.5	45 36	63	150	8	5	一般	26°52′42.5″	10°14′25.4″	西安街义正社区委员会
215	桂花	*Osmanthus fragrans*	2422	6	18 13 11	27	150	5	4	较差	26°52′42.2″	10°14′26.0″	西安街义正社区委员会
216	山玉兰	*Magnolia delavayi*	2407	7	45 58	108	150	11	8	旺盛	26°53′05.2″	10°13′53.2″	西安街义正社区居民委员会武庙
217	碧桃	*Amygdalus persica* var. *persica* f. *duplex*	2407	5	34	45	150	5	4	一般	26°53′04.6″	10°13′52.9″	西安街义正社区居民委员会武庙
219	紫薇	*Lagerstroemia indica*	2402	6	26	27	150	6	5	一般	26°52′34.5″	10°14′23.2″	义尚居民委员会
220	侧柏	*Platycladus orientalis*	2379	17	38.2 33.4	73.2	150	8	6	旺盛	26°51'55.7"	100°14'42.2"	下八河玉龙锁脉寺
221	梅	*Armeniaca mume*	2385	4	17.2 20 22.6	52.5	150	10	8	旺盛	26°51'55.6"	100°14'42.9"	下八河玉龙锁脉寺
222	侧柏	*Platycladus orientalis*	2389	12	43.3	70.1	150	8	6	旺盛	26°51'55.3"	100°14'43.0"	下八河玉龙锁脉寺

续 表

223	高盆樱桃	*Cerasus cerasoides*	2380	12	25.5 28.7	51	150	10	8	旺盛	26°51'55.4"	100°14'43.2"	下八河玉龙锁脉寺
224	桂花	*Osmanthus fragrans*	2398	7	22.3 12.1 14.6 19.1	60.5	150	8	6	一般	26°51'55.5"	100°14'43.1"	下八河玉龙铁索桥
225	桂花	*Osmanthus fragrans*	2391	7	21.7	23.2	150	6	4	旺盛	26°51'55.7"	100°14'43.2"	下八河玉龙铁索桥
226	山玉兰	*Magnolia delavayi*	2398	6	20.7 19.1 31.8	57.3	150	14	12	旺盛	26°51'09.6"	100°14'16.6"	祥和靴顶寺
227	桂花	*Osmanthus fragrans*	2387	4.5	38 17	67	150	3	2	一般	26°51'08.4″	10°14'14.0″	祥和靴顶寺
228	干香柏	*Cupressus duclouxiana*	2385	22	70.1	89.2	180	12	10	一般	26°51'28.0"	100°13'51.2"	祥云小学门外
229	昆明朴	*Celtis kunmingensis*	2392	18	76.4	111.5	90	16	14	旺盛	26°51'37.3"	100°13'55.5"	祥云街吉祥段 50 号门前
230	银杏	*Ginkgo biloba*	2438	20	114.6	191	310	16	14	旺盛	26°55'28.6"	100°12'19.4"	束河完小
231	石楠	*Photinia serrulata*	2438	17	60.5	70.1	310	14	12	旺盛	26°55'28.7"	100°12'19.5"	束河完小
232	高盆樱桃	*Cerasus cerasoides*	2442	7	58.3	69.1	120	8	6	旺盛	26°55'31.9"	100°12'15.3"	束河大觉宫
233	梅	*Armeniaca mume*	2446	7	38.2	47.8	140	8	6	弱	26°55'31.7"	100°12'15.3"	束河大觉宫
234	碧桃	*Amygdalus persica* var. *persica* f. *duplex*	2442	7	30.3 22.6	41.4	100	16	14	旺盛	26°55'30.5"	100°12'15.9"	束河大觉宫

续 表

235	碧桃	*Amygdalus persica* var. *persica* f. *duplex*	2448	5	23.9 36.6	54.1	100	16	14	旺盛	26°55'30.6"	100°12'16.2"	束河大觉宫
236	西府海棠	*Malus micromalus*	2443	7	21.3	27.1	180	6	4	一般	26°55'30.0"	100°12'16.1"	束河大觉宫
237	梅	*Armeniaca mume*	2445	9	46.2	55.7	160	10	8	旺盛	26°55'31.6"	100°12'16.3"	束河大觉宫
238	干香柏	*Cupressus duclouxiana*	2451	23	89.2	105.1	200	10	8	一般	26°55'39.3"	100°12'09.9"	束河三圣宫外
239	干香柏	*Cupressus duclouxiana*	2451	34	114.6	124.2	200	12	10	一般	26°55'39.7"	100°12'09.8"	束河三圣宫外
240	干香柏群	*Cupressus duclouxiana*	2454	19	60.5	76.4	200	10	8	旺盛	26°55'39.0"	100°12'09.7"	束河三圣宫
241	君迁子	*Diospyros lotus*	2447	17	60.5	70.1	200	12	10	旺盛	26°55'37.9"	100°12'09.9"	束河三圣宫外
242	君迁子	*Diospyros lotus*	2448	16	63.1	67.8	200	12	10	旺盛	26°55'38.1"	100°12'09.7"	束河三圣宫外
243	君迁子	*Diospyros lotus*	2446	16	57.3	62.1	200	10	8	旺盛	26°55'38.2"	100°12'09.7"	束河三圣宫外
244	君迁子	*Diospyros lotus*	2446	15	54.1	58.9	200	12	10	旺盛	26°55'38.2"	100°12'09.5"	束河三圣宫外
245	桂花	*Osmanthus fragrans*	2410	6	22.3 25.5 63.7	78	300	10	8	一般	26°54'01.4"	100°11'15.3"	束河普济完小
246	滇皂荚	*Gleditsia japonica* var. *delavayi*	2414	14	164	318.5	650	18	16	旺盛	26°54'01.5"	100°12'02.3"	束河中济村
名 1	丽江云杉	*Picea likiangensis*	2447	3	6.6	10		1	1	一般	26°54'55.2"	100°13'30.3"	丽江紫荆公园

附表二 丽江市古树名木分级表

丽江市后备古树

编号	树种	拉丁学名	海拔（m）	树高（m）	胸径(cm)	地径(cm)	树龄（年）	冠幅（m²）		长势	地点
								长（m）	宽(m)		
1	云南柳	*Salix cavaleriei*	2419	8.5	73.2	95.5	70	12	10	旺盛	黑龙潭锁翠桥旁
17	昆明朴	*Celtis kunmingensis*	2452	23	76.4	82.8	70	14	12	旺盛	黑龙潭牡丹园
29	昆明朴	*Celtis kunmingensis*	2452	17	70.1	76.5	70	16	14	旺盛	丽江清溪村
30	昆明朴	*Celtis kunmingensis*	2446	15	73.2	82.8	70	14	12	旺盛	丽江清溪村
13	梅	*Armeniaca mume*	2413	5	44.6	46.2	80	1	1	一般	黑龙潭五凤楼旁
14	梅	*Armeniaca mume*	2414	7	45.2	46.8	80	6	4	旺盛	黑龙潭五凤楼旁
15	梅	*Armeniaca mume*	2412	4	43.9	46.2	80	4	2	一般	黑龙潭五凤楼旁
16	梅	*Armeniaca mume*	2415	5	28.7	28.7	80	6	4	一般	黑龙潭五凤楼旁
55	侧柏群	*Platycladus orientalis*	2456	12	20.7	24.2	80	8	6	一般	万古楼至木府山坡
66	昆明朴	*Celtis kunmingensis*	2405	16	73.2	111.5	80	16	14	旺盛	光义街光碧三眼井旁
69	昆明朴	*Celtis kunmingensis*	2392	21	73.2	82.8	80	14	12	旺盛	白马龙潭寺内
90	昆明朴	*Celtis kunmingensis*	2402	16	58.6	79.6	80	16	14	旺盛	五一街文治巷 109 号门前
73	昆明朴	*Celtis kunmingensis*	2396	19	79.6	146.5	90	14	12	旺盛	古城大石桥旁
74	昆明朴	*Celtis kunmingensis*	2389	18	52.5	74.5	90	16	14	旺盛	古城大石桥旁
229	昆明朴	*Celtis kunmingensis*	2392	18	76.4	111.5	90	16	14	旺盛	祥云街吉祥段 50 号门前

丽江市名木分级表

编号	树种	拉丁名	海拔（m）	树高（m）	胸径(cm)	地径(cm)	树龄（年）	冠幅（m²）		长势	地点
								长（m）	宽(m)		
名 1	丽江云杉	*Picea likiangensis*	2447	3	6.6	10		1	1	一般	丽江紫荆公园

丽江市一级古树

编号	树种	拉丁名	海拔（m）	树高（m）	胸径(cm)	地径(cm)	树龄（年）	冠幅（m²）		长势	地点
								长（m）	宽(m)		
54	干香柏群	*Cupressus duclouxiana*	2452	29	88.2	98.7	500	10	8	旺盛	万古楼至木府山坡
56	干香柏	*Cupressus duclouxiana*	2420	26	92.4	117.8	500	10	8	一般	木府三清殿后
57	干香柏	*Cupressus duclouxiana*	2430	32	136.9	197.5	500	8	6	一般	木府三清殿后
58	干香柏	*Cupressus duclouxiana*	2431	30	101.9	146.5	500	6	4	一般	木府三清殿后
42	干香柏	*Cupressus duclouxiana*	2433	29	168.8	197.4	510	14	12	一般	狮子山文昌宫门前
130	柽柳	*Tamarix chinensis*	2501	7	54.1　92.4	98.7	510	18	8	旺盛	白沙乡琉璃殿前
246	滇皂荚	*Gleditsia japonica* var. *delavayi*	2414	14	164	318.5	650	18	16	旺盛	束河中济村
118	干香柏	*Cupressus duclouxiana*	2585	25	200.6	254.8	1200	1	1	濒死	白沙乡北岳庙

丽江市二级古树

编号	树种	拉丁名	海拔（m）	树高（m）	胸径(cm)	地径(cm)	树龄（年）	冠幅（m²）		长势	地点
								长（m）	宽(m)		
2	高山栲群	*Castanopsis delavayi*	2421	17	78.3	85.1	300	10	8	一般	黑龙潭解脱林
3	高山栲	*Castanopsis delavayi*	2426	6	41.4	51	300	6	4	一般	黑龙潭梅园内
4	高山栲	*Castanopsis delavayi*	2430	5	35	44.6	300	4	2	濒死	黑龙潭梅园内
5	高山栲	*Castanopsis delavayi*	2414	9	54.1	63.7	300	6	4	一般	黑龙潭东巴研究所
8	高山栲群	*Castanopsis delavayi*	2415	18	85	120	300	10	8	一般	黑龙潭志刚书斋后
12	高山栲群	*Castanopsis delavayi*	2414	17	110	140	300	10	8	旺盛	黑龙潭珍珠泉边
18	高山栲群	*Castanopsis delavayi*	2409	13	65	80	300	10	8	旺盛	古城区地震局院内
19	高山栲群	*Castanopsis delavayi*	2423	13	55	70	300	10	8	一般	丽江师专礼堂前
20	高山栲群	*Castanopsis delavayi*	2444	10	65	75	300	10	8	旺盛	丽江师专球场旁
67	槐	*Sophora japonica*	2398	20	62.1	82.8	300	14	12	旺盛	光义街光碧三眼井旁
68	槐	*Sophora japonica*	2402	15	44.6	53.2	300	12	10	旺盛	白马龙潭寺内
70	槐	*Sophora japonica*	2402	18	51	57.3	300	14	12	旺盛	白马龙潭寺内
117	银杏	*Ginkgo biloba*	2703	15	77.4	98.7	300	14	12	旺盛	白沙乡北岳庙
144	高盆樱桃	*Cerasus cerasoides*	2527	6	34.4 28.7 59.1	66.9	300	12	10	旺盛	白沙乡普济寺内

续 表

145	桂花	*Osmanthus fragrans*	2536	9	28.7 36.6 52.9	79.6	300	12	10	旺盛	白沙乡普济寺内
146	云南含笑	*Michelia yunnanensis*	2531	2	9.6 11.1 12.7 15.9	47.8	300	8	6	旺盛	白沙乡普济寺内
152	黄背栎	*Quercus pannosa*	2543	20	63.7 108.3	184.7	300	12	10	旺盛	白沙乡普济寺内
153	云南移栎	*Docynia delavayi*	2554	17	41.4	51	300	10	8	一般	白沙乡普济寺内
245	桂花	*Osmanthus fragrans*	2410	6	22.3 25.5 63.7	78	300	10	8	一般	束河普济完小
119	干香柏	*Cupressus duclouxiana*	2573	29	105.1	191.1	310	10	8	旺盛	白沙乡北岳庙外
230	银杏	*Ginkgo biloba*	2438	20	114.6	191	310	16	14	旺盛	束河完小
231	石楠	*Photinia serrulata*	2438	17	60.5	70.1	310	14	12	旺盛	束河完小
47	桂花	*Osmanthus fragrans*	2441	7	28.7	36.6	320	10	8	旺盛	狮子山文昌宫内
116	山茶	*Camellia reticulata*	2723	7	13.9 19.1	35	320	10	8	旺盛	玉峰寺茶花院
40	槐	*Sophora japonica*	2438	23	98.7	101.9	350	16	14	旺盛	狮子山文昌宫门前
149	头状四照花群	*Dendrobenthamia capitata*	2541	19	60.5	146.5	350	16	14	一般	白沙乡普济寺内
150	滇石栎	*Lithocarpus dealbatus*	2547	19	133.8	197.5	350	16	14	一般	白沙乡普济寺内
151	滇石栎	*Lithocarpus dealbatuis*	2540	19	136.9	194.3	350	18	16	旺盛	白沙乡普济寺内

续　表

46	紫薇	*Lagerstroemia indica*	2443	7	37.6	33.4	360	8	6	旺盛	狮子山文昌宫内
59	紫薇	*Lagerstroemia indica*	2403	8	30.6　25.5	51	400	12	8	旺盛	木府玉音楼前
60	紫薇	*Lagerstroemia indica*	2403	8	47.5	57.3	400	8	6	一般	木府玉音楼前
120	云南移𣏌	*Docynia delavayi*	2580	7	98.7	146.5	400	8	6	一般	白沙乡北岳庙外
132	银杏	*Ginkgo biloba*	2498	24	133.6	222.9	400	18	16	旺盛	白沙乡大宝积宫院内
133	山玉兰	*Magnolia delavayi*	2691	8	38.2　43 60.5　51	101.9	400	16	14	旺盛	白沙乡福国寺前
135	干香柏	*Cupressus duclouxiana*	2687	26	73.2	111.5	400	12	10	一般	白沙乡福国寺前
136	干香柏	*Cupressus duclouxiana*	2684	18	70.1	86	400	14	12	旺盛	白沙乡福国寺前
137	银杏	*Ginkgo biloba*	2690	16	101.9	152.9	400	16	14	旺盛	白沙乡福国寺前
64	藤萝	*Wisteria villosa*	2402	2	35	41.4	410	—	—	旺盛	现文小学院内

丽江市三级古树

编号	树种	拉丁名	海拔（m）	树高（m）	胸径(cm)	地径(cm)	树龄（年）	冠幅（m²）		长势	地点
								长（m）	宽(m)		
21	干香柏	*Cupressus duclouxiana*	2437	30	63.7	70	100	6	4	旺盛	丽江清溪村
22	干香柏	*Cupressus duclouxiana*	2435	29	52.9	57.3	100	8	6	旺盛	丽江清溪村
23	干香柏	*Cupressus duclouxiana*	2437	28	49.7	54.1	100	8	6	旺盛	丽江清溪村
24	干香柏	*Cupressus duclouxiana*	2441	25	51	55.7	100	8	6	旺盛	丽江清溪村
25	干香柏	*Cupressus duclouxiana*	2440	27	65.3	71	100	8	6	一般	丽江清溪村
28	干香柏群	*Cupressus duclouxiana*	2455	26	47	58	100	8	6	旺盛	丽江清溪小学旁
37	山玉兰	*Magnolia delavayi*	2429	9	42	55.7	100	10	8	旺盛	狮子山嵌雪楼院内
71	梅	*Armeniaca mume Sieb.*	2360	4	22.3	25.8	100	6	4	旺盛	光义社区丽江粑粑展示点
72	桂花	*Osmanthus fragrans*	2399	5	23.2	28.3	100	10	8	旺盛	光义社区居委会院内
76	昆明朴	*Celtis kunmingensis*	2417	20	68.5	92.4	100	14	12	旺盛	新义新仁小学
77	昆明朴	*Celtis kunmingensis*	2415	19	82.8	102	100	16	14	旺盛	新义新仁小学
78	昆明朴	*Celtis kunmingensis*	2413	16	74.8	91.1	100	14	12	旺盛	新义新仁小学
79	昆明朴	*Celtis kunmingensis*	2410	19	70.1	76.4	100	14	12	旺盛	新义新仁小学
80	昆明朴	*Celtis kunmingensis*	2409	19	97.1	105.1	100	16	14	旺盛	新义新仁小学

续 表

81	昆明朴	*Celtis kunmingensis*	2409	18	75.2	85	100	16	14	旺盛	新义新仁小学
86	昆明朴	*Celtis kunmingensis*	2439	17	92.4	137	100	16	14	一般	五一街新仁上段40号门前
87	昆明朴	*Celtis kunmingensis*	2406	17	77.7	119.4	100	12	10	旺盛	五一街文治巷48号门前
88	昆明朴	*Celtis kunmingensis*	2404	17	76.4	85	100	16	12	旺盛	五一街文治巷11号门前
89	昆明朴	*Celtis kunmingensis*	2401	18	70.1	76.4	100	14	12	旺盛	五一街文治巷160号门前
91	昆明朴	*Celtis kunmingensis*	2405	16	65.3	93.9	100	14	12	旺盛	五一街文治巷109号门前
92	昆明朴	*Celtis kunmingensis*	2420	20	93.9	129	100	16	14	旺盛	原丽江武警枝队
93	昆明朴	*Celtis kunmingensis*	2418	20	92.4	129.6	100	16	14	旺盛	原丽江武警枝队
96	昆明朴	*Celtis kunmingensis*	2397	19	76.4 33.4	89.2	100	16	14	旺盛	五一街文明巷33号门前
97	昆明朴	*Celtis kunmingensis*	2397	19	73.2	86	100	16	14	旺盛	五一街文明巷33号门前
98	昆明朴	*Celtis kunmingensis*	2401	16	76.4	82.8	100	12	10	旺盛	义尚街文化巷11号门前
104	昆明朴	*Celtis kunmingensis*	2394	16	76.4	100.3	100	16	14	旺盛	丽江市第一中学

续 表

111	昆明朴	*Celtis kunmingensis*	2456	20	76.4	82.8	100	14	12	旺盛	义尚社区甘泽泉
126	侧柏	*Platycladus orientalis*	2500	13	38.2	63.7	100	6	4	旺盛	白沙乡文昌宫院内
148	桃	*Amygdalus persica*	2546	6	76.4	125.8	100	8	6	一般	白沙乡普济寺内
155	香樟	*Cinnamomum camphora*	2557	18	50	90	100	12	10	旺盛	白沙乡普济寺内
156	香樟	*Cinnamomum camphora*	2549	18	55	90	100	12	10	旺盛	白沙乡普济寺内
157	香樟	*Cinnamomum camphora*	2547	20	95	120	100	12	10	一般	白沙乡普济寺内
169	昆明朴	*Celtis kunmingensis*	2453	31	111.5	121	100	18	16	旺盛	拉市乡指云寺门前
170	昆明朴	*Celtis kunmingensis*	2451	20	79.6	121	100	14	12	旺盛	拉市乡指云寺门前
234	碧桃	*Amygdalus persica* var. *persica* f. *duplex*	2442	7	30.3　22.6	41.4	100	16	14	旺盛	束河大觉宫
235	碧桃	*Amygdalus persica* var. *persica* f. *duplex*	2448	5	23.9　36.6	54.1	100	16	14	旺盛	束河大觉宫
9	侧柏	*Platycladus orientalis*	2406	7	25.5	28.7	120	6	4	一般	黑龙潭戏台前休息区
10	梅	*Armeniaca mume*	2405	5	29.3	35	120	10	8	旺盛	黑龙潭戏台前休息区
11	侧柏	*Platycladus orientalis*	2407	10	25.5	28.7	120	6	4	一般	黑龙潭戏台前休息区

续 表

51	滇楸	*Catalpa fargesii* f. *duclouxii*	2444	14	63.7	70.1	120	10	8	一般	狮子山公园门口
52	滇楸	*Catalpa fargesii* Bur. f. *duclouxii*	2441	16	60.5	62.1	120	14	12	旺盛	狮子山公园门口
53	滇楸	*Catalpa fargesii* Bur. f. *duclouxii*	2442	17	61.5	66.9	120	14	12	旺盛	狮子山公园门口
62	桂花	*Osmanthus fragrans*	2401	6	19.7	23.2	120	8	6	旺盛	木府南园
75	昆明朴	*Celtis kunmingensis*	2389	21	105.1	121	120	12	10	旺盛	新义街积善巷22号门前
101	山玉兰	*Magnolia delavayi*	2399	6	22.3 38.2	60.5	120	16	14	旺盛	丽江黄山幼儿园
129	白玉兰	*Magnolia denudata*	2496	2	12.7 16.2	35	120	1	1	一般	白沙乡文昌宫院内
147	梅	*Armeniaca mume*	2545	6	28.7	36.6	120	10	8	旺盛	白沙乡普济寺内
171	昆明朴	*Celtis kunmingensis*	2455	19	38.2 30.3 24.8	66.9	120	14	12	旺盛	拉市乡指云寺门前
232	高盆樱桃	*Cerasus cerasoides*	2442	7	58.3	69.1	120	8	6	旺盛	束河大觉宫
48	滇楸	*Catalpa fargesii* f. *duclouxii*	2434	16	64.6	65.3	140	14	12	旺盛	狮子山文昌宫内

续 表

50	昆明朴	*Celtis kunmingensis*	2433	16	79.6	89.2	140	16	14	旺盛	狮子山文昌宫内
63	槐	*Sophora japonica*	2404	15	58.3	71	140	12	10	一般	木府光碧楼前
102	滇楸群	*Catalpa fargesii* f. *duclouxii*	2395	18	57.3	70.1	140	14	12	旺盛	丽江市第一中学
233	梅	*Armeniaca mume*	2446	7	38.2	47.8	140	8	6	弱	束河大觉宫
6	君迁子	*Diospyros lotus*	2410	27	60.5	63.7	150	10	8	旺盛	黑龙潭万寿亭出水口
7	君迁子	*Diospyros lotus*	2411	13	51	57.3	150	10	6	一般	黑龙潭万寿亭出水口
26	君迁子	*Diospyros lotus*	2425	15	78 51	114.6	150	16	14	一般	丽江清溪村
27	核桃	*Juglans regia*	2432	13	60.2	62.1	150	16	14	一般	丽江清溪村
49	高山栲	*Castanopsis delavayi*	2427	14	79.6	89.2	150	8	6	一般	狮子山文昌宫内
82	紫薇	*Lagerstroemia indica*	2402	7	27.4	32.8	150	6	4	旺盛	新义新仁小学
83	侧柏	*Platycladus orientalis*	2402	9	22.3 25.8 26.9	44.6	150	10	6	旺盛	新义新仁小学
84	侧柏	*Platycladus orientalis*	2414	13	35	57.3	150	10	8	一般	新义新仁小学
85	干香柏	*Cupressus duclouxiana*	2417	26	56.7	86	150	10	8	旺盛	新义新仁小学
107	侧柏	*Platycladus orientalis*	2401	11	21.3 24.5 26 29.6	57.3	150	12	10	旺盛	丽江市第一中学

续 表

127	侧柏	*Platycladus orientalis*	2499	15	51	70.1	150	6	4	一般	白沙乡文昌宫院内
128	桂花	*Osmanthus fragrans*	2492	6	30.3	38.2	150	8	6	旺盛	白沙乡文昌宫院内
139	槐	*Sophora japonica*	2688	6	29.6	117.8	150	8	6	旺盛	白沙乡福国寺前
210	高山栲	*Castanopsis delavayi*	2425	10	68.8	78.8	150	8	6	一般	北门街金虹巷105号门前
211	高山栲群	*Castanopsis delavayi*	2425	13	89.2	101.9	150	8	6	一般	丽江市地委党校内
212	高山栲群	*Castanopsis delavayi*	2425	13	89.2	101.9	150	8	6	一般	丽江市地委党校外
213	高山栲群	*Castanopsis delavayi*	2422	14	60.5	73.2	150	8	6	旺盛	原丽江水运处
214	云南松	*Castanopsis delavayi*	2422	3.5	45 36	63	150	8	5	一般	西安街义正社区委员会
215	桂花	*Osmanthus fragrans*	2422	6	18 13 11	27	150	5	4	较差	西安街义正社区委员会
216	山玉兰	*Magnolia delavayi*	2407	7	45 58	108	150	11	8	旺盛	西安街义正社区居民委员会武庙
217	碧桃	*Amygdalus persica* var. *persica* f. *duplex*	2407	5	34	45	150	5	4	一般	西安街义正社区居民委员会武庙

续 表

219	紫薇	*Lagerstroemia indica*	2402	6	26	27	150	6	5	一般	义尚居民委员会
220	侧柏	*Platycladus orientalis*	2379	17	38.2　33.4	73.2	150	8	6	旺盛	下八河玉龙锁脉寺
221	梅	*Armeniaca mume*	2385	4	17.2 20 22.6	52.5	150	10	8	旺盛	下八河玉龙锁脉寺
222	侧柏	*Platycladus orientalis*	2389	12	43.3	70.1	150	8	6	旺盛	下八河玉龙锁脉寺
223	高盆樱桃	*Cerasus cerasoides*	2380	12	25.5 28.7	51	150	10	8	旺盛	下八河玉龙锁脉寺
224	桂花	*Osmanthus fragrans*	2398	7	22.3 12.1 14.6 19.1	60.5	150	8	6	一般	下八河玉龙铁索桥
225	桂花	*Osmanthus fragrans*	2391	7	21.7	23.2	150	6	4	旺盛	下八河玉龙铁索桥
226	山玉兰	*Magnolia delavayi*	2398	6	20.7　19.1 31.8	57.3	150	14	12	旺盛	祥和靴顶寺
227	桂花	*Osmanthus fragrans*	2387	4.5	38 17	67	150	3	2	一般	祥和靴顶寺
41	昆明朴	*Celtis kunmingensis*	2435	25	114.6	127	160	18	16	旺盛	狮子山文昌宫门前

续 表

43	昆明朴	*Celtis kunmingensis*	2430	19	76.4	82.8	160	16	14	旺盛	狮子山文昌宫围墙外
44	昆明朴	*Celtis kunmingensis*	2429	19	100.6	115.9	160	18	16	旺盛	狮子山文昌宫内
45	昆明朴	*Celtis kunmingensis*	2437	16	40.4 57.3	76.4	160	14	12	旺盛	狮子山文昌宫内
65	干香柏	*Cupressus duclouxiana*	2402	26	60.5	70.1	160	10	8	旺盛	现文小学院内
237	梅	*Armeniaca mume*	2445	9	46.2	55.7	160	10	8	旺盛	束河大觉宫
105	干香柏	*Cupressus duclouxiana*	2399	23	87.3	111.5	170	10	8	旺盛	丽江市第一中学
106	干香柏	*Cupressus duclouxiana*	2402	24	73.2	81.5	170	10	8	一般	丽江市第一中学
200	侧柏	*Platycladus orientalis*	2387	14	57.3 60.5	89.2	170	12	10	一般	下束河兴化寺外
201	侧柏	*Platycladus orientalis*	2384	14	73.2	111.5	170	14	12	一般	下束河兴化寺外
202	云南含笑	*Michelia yunnanensis*	2389	9	28.7 38.2	54.1	170	14	12	旺盛	下束河兴化寺内
203	梅	*Armeniaca mume*	2390	5	66.9	76.4	170	6	4	较差	下束河兴化寺内
204	桂花	*Osmanthus fragrans*	2395	12	54.1	60.5	170	10	8	一般	下束河兴化寺内
205	侧柏	*Platycladus orientalis*	2393	12	41.4	47.8	170	8	6	一般	下束河兴化寺内
39	滇楸	*Catalpa fargesii* f. *duclouxii*	2418	11	74.8	76.5	180	8	6	较差	新华街双石段 30 门前
61	山玉兰	*Magnolia delavayi*	2398	10	76.4	105.1	180	16	14	旺盛	木府玉音楼前

续 表

99	侧柏	*Platycladus orientalis*	2398	8	14.6 24.2 22.3	63.7	180	10	8	旺盛	丽江黄山幼儿园
100	侧柏	*Platycladus orientalis*	2398	8	31.8 47.8	76.4	180	12	8	旺盛	丽江黄山幼儿园
124	紫薇	*Lagerstroemia indica*	2525	9	51	54.1	180	8	6	旺盛	白沙乡文昌宫院内
125	紫薇	*Lagerstroemia indica*	2512	9	51	54.1	180	8	6	旺盛	白沙乡文昌宫院内
131	干香柏	*Cupressus duclouxiana*	2495	23	86	92.4	180	8	6	旺盛	白沙乡琉璃殿前
134	梅	*Armeniaca mume*	2694	6	54.1	73.2	180	8	6	一般	白沙乡福国寺前
208	滇楸	*Catalpa fargesii* f. *duclouxii*	2459	17	76.4	82.8	180	12	10	旺盛	古城区粮食局
228	干香柏	*Cupressus duclouxiana*	2385	22	70.1	89.2	180	12	10	一般	祥云小学门外
236	西府海棠	*Malus micromalus*	2443	7	21.3	27.1	180	6	4	一般	束河大觉宫
31	滇楸	*Catalpa fargesii* f. *duclouxii*	2421	17	68.2	79.6	200	14	12	一般	狮子山嵌雪楼院内
32	滇楸	*Catalpa fargesii* f. *duclouxii*	2427	16	73.2	83.1	200	14	12	旺盛	狮子山嵌雪楼院内
33	槐	*Sophora japonica*	2425	20	46.5 54.4 43.4	111.5	200	16	14	旺盛	狮子山嵌雪楼院内

续 表

34	槐	*Sophora japonica*	2431	18	47.8	54.8	200	16	12	旺盛	狮子山嵌雪楼院内
35	紫薇	*Lagerstroemia indica*	2431	6	22.3	23.9	200	1	1	一般	狮子山嵌雪楼院内
36	圆柏	*Sabina chinensis*	2427	12	17.5 19.1	31.5	200	1	1	一般	狮子山嵌雪楼院内
38	藤萝	*Wisteria villosa*	2431	5	13.1 16.2 11.8	21.7	200	—	—	旺盛	狮子山嵌雪楼院内
109	滇楸	*Catalpa fargesii* f. *duclouxii*	2387	17	108.3	118	200	16	14	旺盛	义尚社区甘泽泉
110	滇楸	*Catalpa fargesii* f. *duclouxii*	2391	19	76.4 66.9	111.5	200	16	14	旺盛	义尚社区甘泽泉
121	小叶青皮槭	*Acer cappadocicum* var. *sinicum*	2573	20	117.8	273.9	200	16	14	旺盛	白沙乡北岳庙外
122	小叶青皮槭	*Acer cappadocicum* var. *sinicum*	2567	24	146.5	197.5	200	16	14	旺盛	白沙乡北岳庙外
123	小叶青皮槭	*Acer cappadocicum* var. *sinicum*	2569	10	146.5	194.3	200	6	4	一般	白沙乡北岳庙外

续 表

138	棠梨	*Pyrus pashia*	2691	11	63.7	79.6	200	10	8	一般	白沙乡福国寺前
154	常绿假丁香	*Ligustrum sempervirens*	2554	10	25.5 51	121	200	14	12	旺盛	白沙乡普济寺内
182	槐	*Sophora japonica*	2447	16	84.4	111.5	200	14	12	旺盛	拉市乡海南村文体活动中心旁
206	干香柏	*Cupressus duclouxiana*	2491	28	76.4	82.8	200	12	10	旺盛	北门街文庙巷148号院中
207	干香柏	*Cupressus duclouxiana*	2459	22	43.3	48.7	200	10	8	旺盛	北门街文庙巷5号门前
209	干香柏	*Cupressus duclouxiana*	2457	21	47.8　60.5	95.5	200	10	8	旺盛	北门街文庙巷20号门前
238	干香柏	*Cupressus duclouxiana*	2451	23	89.2	105.1	200	10	8	一般	束河三圣宫外
239	干香柏	*Cupressus duclouxiana*	2451	34	114.6	124.2	200	12	10	一般	束河三圣宫外
240	干香柏群	*Cupressus duclouxiana*	2454	19	60.5	76.4	200	10	8	旺盛	束河三圣宫
241	君迁子	*Diospyros lotus*	2447	17	60.5	70.1	200	12	10	旺盛	束河三圣宫外
242	君迁子	*Diospyros lotus*	2448	16	63.1	67.8	200	12	10	旺盛	束河三圣宫外
243	君迁子	*Diospyros lotus*	2446	16	57.3	62.1	200	10	8	旺盛	束河三圣宫外
244	君迁子	*Diospyros lotus*	2446	15	54.1	58.9	200	12	10	旺盛	束河三圣宫外
94	槐	*Sophora japonica*	2453	18	70.1	76.4	210	12	10	旺盛	五一街文明巷138号门前

续 表

95	槐	*Sophora japonica*	2428	17	41.4 47.8	60.5	210	14	12	旺盛	五一街文明巷 138 号门前
103	槐	*Sophora japonica*	2393	17	76.4	98.7	220	16	14	旺盛	丽江市第一中学
158	高盆樱桃	*Cerasus cerasoides*	2546	7	57.3	89.2	220	14	12	旺盛	白沙乡普济寺内
159	高盆樱桃	*Cerasus cerasoides*	2545	6	51	57.3	220	6	4	旺盛	白沙乡普济寺内
160	干香柏	*Cupressus duclouxiana*	2540	30	70.1	76.4	220	10	8	旺盛	白沙乡普济寺内
112	山玉兰	*Magnolia delavayi*	2705	8	51 66.9 98.7	152.9	230	14	12	旺盛	玉峰寺大殿前
113	云南含笑	*Michelia yunnanensis*	2724	4	14.6 12.7 18.5	63.7	240	10	8	旺盛	玉峰寺十里香院
114	云南含笑	*Michelia yunnanensis*	2720	4	15.3 18.8	57.3	240	8	6	旺盛	玉峰寺十里香院
115	杏梅	*Armeniaca mume* var. *bungo*	2713	7	38.2	39.8	240	10	8	旺盛	玉峰寺十里香院
140	槐	*Sophora japonica*	2533	15	59.1 46.8	178.3	240	14	12	旺盛	白沙乡普济寺前
141	枇杷	*Eriobotrya japonica*	2535	8	35	66.9	240	10	6	旺盛	白沙乡普济寺前
142	山玉兰	*Magnolia delavayi*	2536	9	22.3 28.7 41.4	152.9	240	16	14	一般	白沙乡普济寺前
143	紫薇	*Lagerstroemia indica*	2537	8	15.9 19.1	38.2	240	8	6	旺盛	白沙乡普济寺前
108	柽柳	*Tamarix chinensis*	2393	7	38.2	52.5	260	10	8	一般	丽江市第一中学

续 表

183	干香柏	*Cupressus duclouxiana*	2702	26	70.1	121	260	10	8	旺盛	黄山乡文峰寺外
184	银杏	*Ginkgo biloba*	2707	23	114.6	130.6	260	12	10	旺盛	黄山乡文峰寺外
185	野桂花	*Osmanthus yunnanensis*	2704	12	57.3	66.9	260	12	10	旺盛	黄山乡文峰寺外
186	干香柏	*Cupressus duclouxiana*	2709	33	89.2	98.7	260	8	6	一般	黄山乡文峰寺外
187	槐	*Sophora japonica*	2714	16	60.5	66.9	260	16	14	一般	黄山乡文峰寺外
188	干香柏	*Cupressus duclouxiana*	2713	32	70.1	79.6	260	10	8	一般	黄山乡文峰寺外
189	干香柏	*Cupressus duclouxiana*	2702	34	41.4	92.4	260	10	8	一般	黄山乡文峰寺外
190	干香柏	*Cupressus duclouxiana*	2708	26	41.4	92.4	260	10	8	一般	黄山乡文峰寺外
191	干香柏	*Cupressus duclouxiana*	2708	27	93.3	113.7	260	8	6	一般	黄山乡文峰寺外
192	高盆樱桃	*Cerasus cerasoides*	2711	17	73.2	121	260	10	8	一般	黄山乡文峰寺内
193	山玉兰	*Magnolia delavayi*	2710	7	66.9	79.6	260	12	10	旺盛	黄山乡文峰寺内
194	云南含笑	*Michelia yunnanensis*	2705	4	25.5	30.3	260	8	6	旺盛	黄山乡文峰寺内
195	高山栲	*Castanopsis delavayi*	2701	35	121	305.7	260	20	18	旺盛	黄山乡文峰寺园路
196	高山栲	*Castanopsis delavayi*	2699	35	111.5	273.9	260	18	16	旺盛	黄山乡文峰寺园路
197	滇石栎	*Lithocarpus dealbatus*	2707	19	79.6 76.4 73.2	178.3	260	20	18	旺盛	黄山乡文峰寺园路
198	小叶青皮槭	*Acer cappadocicum* var. *sinicum*	2704	18	82.8	98.7	260	12	10	旺盛	黄山乡文峰寺园路

续 表

199	头状四照花	*Dendrobenthamia capitata*	2709	12	56.4	68.5	260	10	8	一般	黄山乡文峰寺园路
161	槐	*Sophora japonica*	2566	25	12.7 22.3 63.7	70.1	270	12	10	旺盛	拉市乡指云寺门前
162	干香柏	*Cupressus duclouxiana*	2497	21	86	92.4	270	10	8	一般	拉市乡指云寺门前
163	银杏	*Ginkgo biloba*	2455	25	117.8	121	270	18	16	旺盛	拉市乡指云寺门前
164	银杏	*Ginkgo biloba*	2448	25	102.9	116.2	270	16	14	旺盛	拉市乡指云寺门前
165	山玉兰	*Magnolia delavayi*	2449	5	51	62.4	270	6	4	旺盛	拉市乡指云寺门前
166	昆明朴	*Celtis kunmingensis*	2444	29	121	124.2	270	18	16	旺盛	拉市乡指云寺门前
167	干香柏	*Cupressus duclouxiana*	2447	19	89.2	98.7	270	10	8	一般	拉市乡指云寺门前
168	槐	*Sophora japonica*	2451	31	124.2	133.8	270	12	10	旺盛	拉市乡指云寺门前
172	干香柏	*Cupressus duclouxiana*	2452	25	82.8	89.2	270	10	8	旺盛	拉市乡指云寺门前

续　表

173	侧柏	*Platycladus orientalis*	2452	17	63.7	73.2	270	10	8	旺盛	拉市乡指云寺内
174	高盆樱桃	*Cerasus cerasoides*	2453	3	51	70.1	270	8	6	旺盛	拉市乡指云寺内
175	梅	*Armeniaca mume*	2451	3	66.9	76.4	270	10	8	旺盛	拉市乡指云寺内
176	云南含笑	*Michelia yunnanensis*	2443	3	9.6　11.5 13.1 13.4	51	270	10	6	旺盛	拉市乡指云寺内
177	干香柏	*Cupressus duclouxiana*	2447	21	136.9	159.2	270	14	12	旺盛	拉市乡指云寺墙边
180	干香柏	*Cupressus duclouxiana*	2454	26	97.1	110.2	270	12	10	旺盛	拉市乡指云寺后院

附表三 丽江市古树群调查表

丽江 2 号 古树群调查表

云南省（区、市） 丽江市 （地、州） 古城 县（区、市）

地点	黑龙潭解脱林	主要树种		高山栲	
四至界限	东至光碧楼，西至东巴谷古籍文献入口，南沿游路，北至志刚书斋				
面积（m^2）	20000	古树株数（株）		45 株	
林平均高度（m）	17	林平均胸径（cm）	78.3		
平均树龄（年）	300	郁闭度（%）	>90%		
海拔（m）	2421	坡度（度）	5°	坡向	东偏南 10 度
土壤类型	红棕壤	土层厚度（m）	＞1m		
下木	滇厚壳、小铁子、小雀花、鞍叶羊蹄甲、沙针、棠梨、石楠			密度	80%
管护现状	属公园绿化树种保护树种范畴				
人为经营活动情况	一般频繁				
目的保护树种	高山栲				
管护单位	黑龙潭相关工作管理人员				
保护建议	1、有关部门加强维护管理。2、改善土壤条件。3、清除树下枯枝落叶和病虫枯枝，疏理生长过密的枝条，促使树体良好生长。				
备注					

丽江8号 古树群调查表

云南省（区、市）　　丽江市（地、州）　　古城县（区、市）

地点	黑龙潭	主要树种	高山栲		
四至界限	南至志刚书斋，东至象山脚，西沿园路，北至珍珠泉				
面积（m^2）	9000	古树株数（株）	49株		
林平均高度（m）	18	林平均胸径（cm）	85		
平均树龄（年）	300	郁闭度（%）	>90%		
海拔（m）	2415	坡度（度）	10°	坡向	正东
土壤类型	红棕壤	土层厚度（m）	＞1m		
下木	水麻柳、清香木、滇厚壳、铁马鞭、珍珠莲、石楠			密度	>75%
管护现状	属公园绿化树种保护树种范畴				
人为经营活动情况	一般频繁				
目的保护树种	高山栲				
管护单位	黑龙潭相关工作管理人员				
保护建议	1、及时进行挂牌保护，以防被破坏。2、有关部门采取相关措施，处理周边环境。3、改善树体生长条件，疏松土壤。4、加强水肥管理。5、定期对古树检查。制定详细的保护计划。				
备注					

丽江12号 古树群调查表

云南省（区、市） 丽江市 （地、州） 古城县（区、市）

地点	黑龙潭	主要树种		高山栲	
四至界限	北至珍珠泉，东沿象山脚，西沿园路边，南至公园尽头围墙				
面积（m^2）	35亩	古树株数（株）		109株	
林平均高度（m）	17	林平均胸径（cm）	110		
平均树龄（年）	300	郁闭度（%）	>90%		
海拔（m）	2414	坡度（度）	10°	坡向	东偏南10度
土壤类型	红棕壤	土层厚度（m）	＞1m		
下木	荀子、小铁子、清香木、鞍叶羊蹄甲、异叶卫茅、女贞、石楠、铁马鞭			密度	>75%
管护现状	属公园绿化树种保护树种范畴				
人为经营活动情况	一般频繁				
目的保护树种	高山栲				
管护单位	黑龙潭相关工作管理人员				
保护建议	1、及时进行挂牌保护，以防被破坏。2、有关部门采取相关措施，处理周边环境。3、改善树体生长条件，疏松土壤。4、围上树池，在树池内种上花草。5、加强水肥管理。6、定期对古树检查。在树顶上安装避雷针以防被雷击。				
备注					

丽江 18 号 古树群调查表

云南省（区、市） 丽江市 （地、州） 古城 县（区、市）

<table>
<tr><td>地点</td><td>丽江市地震局</td><td>主要树种</td><td colspan="3">高山栲</td></tr>
<tr><td>四至界限</td><td colspan="5">丽江市地震局院内</td></tr>
<tr><td>面积（m²）</td><td>1600</td><td>古树株数（株）</td><td colspan="3">25 株</td></tr>
<tr><td>林平均高度（m）</td><td>13</td><td>林平均胸径（cm）</td><td colspan="3">65</td></tr>
<tr><td>平均树龄（年）</td><td>300</td><td>郁闭度（%）</td><td colspan="3">30%</td></tr>
<tr><td>海拔（m）</td><td>2409</td><td>坡度（度）</td><td>0°</td><td>坡向</td><td>无</td></tr>
<tr><td>土壤类型</td><td>红棕壤</td><td>土层厚度（m）</td><td colspan="3">>1m</td></tr>
<tr><td>下木</td><td colspan="3">女贞、麻叶丁香</td><td>密度</td><td>5%</td></tr>
<tr><td>管护现状</td><td colspan="5">属单位绿化保护树种范畴</td></tr>
<tr><td>人为经营活动情况</td><td colspan="5">频繁</td></tr>
<tr><td>目的保护树种</td><td colspan="5">高山栲</td></tr>
<tr><td>管护单位</td><td colspan="5">地震局相关工作管理人员</td></tr>
<tr><td>保护建议</td><td colspan="5">1、在树下部设立明显的古树保护标牌，明确禁止在树皮、树根上进行刻画等破坏行为，禁止采摘果、叶。2、去除电线以及铁钉，并且要注意防火。3、当地管理部门要对其进行定期检查，及时清理、烧毁病虫枯死枝，减少病虫滋生条件。4、当地管理部门要定期进行施肥，保证其生长的营养供应。5、建议筑围池及围栏进行保护。</td></tr>
<tr><td>备注</td><td colspan="5"></td></tr>
</table>

丽江 19号 古树群调查表

云南省（区、市） 丽江市（地、州） 古城县（区、市）

地点	丽江师专	主要树种	高山栲		
四至界限	丽江师专礼堂与宿舍楼之间				
面积（m^2）	900	古树株数（株）	17 株		
林平均高度（m）	13	林平均胸径（cm）	55		
平均树龄（年）	300	郁闭度（%）	20%		
海拔（m）	2423	坡度（度）	0°	坡向	无
土壤类型	红棕壤	土层厚度（m）	＞1m		
下木	海桐、女贞、红花继木、君迁子			密度	＜10%
管护现状	属单位绿化保护树种范畴				
人为经营活动情况	活动频繁，铺装透气性不好，没有专门的树池				
目的保护树种	高山栲				
管护单位	丽江师专相关工作管理人员				
保护建议	1、相关管理部门对其进行定期检查。2、修建树池，在里面种植花草等地被，以改善树体根部的环境。3、禁止师生用于晾晒衣物。4、在树顶部安装避雷针。				
备注					

丽江 20号 古树群调查表

云南省（区、市）　　丽江市（地、州）　　古城县（区、市）

地点	丽江师专	主要树种	高山栲		
四至界限	东靠丽江师专围墙，西接篮球场和宿舍楼，南靠公共厕所				
面积（m²）	8000	古树株数（株）	63株		
林平均高度（m）	10	林平均胸径（cm）	65		
平均树龄（年）	300	郁闭度（%）	25%		
海拔（m）	2438	坡度（度）	3°	坡向	北偏东10度
土壤类型	红棕壤	土层厚度（m）	＞1m		
下木	金竹			密度	＜1%
管护现状	属单位绿化保护树种范畴				
人为经营活动情况	人活动频繁				
目的保护树种	高山栲				
管护单位	丽江师专相关工作管理人员				
保护建议	1、及时进行挂牌保护，以防被破坏。2、有关部门采取相关措施，处理周边环境。3、改善树体生长条件，疏松土壤。4、围上树池，在树池内种上花草。5、加强水肥管理。6、定期对古树检查。在树顶上安装避雷针以防被雷击。				
备注					

丽江28号 古树群调查表

云南省（区、市） 丽江市（地、州） 古城县（区、市）

地点	丽江清溪小学	主要树种		干香柏	
四至界限	北接清溪村民房，东边靠路，西边靠清溪水库，南至象山脚下				
面积（m^2）	1000	古树株数（株）		31株	
林平均高度（m）	26	林平均胸径（cm）	47		
平均树龄（年）	100	郁闭度（%）	20%		
海拔（m）	2455	坡度（度）	2°	坡向	东偏南4度
土壤类型	红棕壤	土层厚度（m）	>1m		
下木	梨、素馨花			密度	<1%
管护现状	无专人管护				
人为经营活动情况	活动频繁，地被较少，旁有砖头				
目的保护树种	干香柏				
管护单位	无				
保护建议	1、有关部门采取相关措施，处理周边环境。2、改善树体生长条件，疏松土壤。3、围上树池，在树池内种上花草。4、加强水肥管理。5、定期对古树检查。在树顶上安装避雷针以防被雷击。				
备注					

丽江 54 号 古树群调查表

云南省（区、市） 丽江市（地、州） 古城 县（区、市）

<table>
<tr><td>地点</td><td>丽江万古楼</td><td>主要树种</td><td colspan="3">干香柏</td></tr>
<tr><td>四至界限</td><td colspan="5">从万古楼至木府山坡上</td></tr>
<tr><td>面积（m²）</td><td>5 亩</td><td>古树株数（株）</td><td colspan="3">34 株</td></tr>
<tr><td>林平均高度（m）</td><td>29</td><td>林平均胸径（cm）</td><td colspan="3">95.5</td></tr>
<tr><td>平均树龄（年）</td><td>500</td><td>郁闭度（%）</td><td colspan="3">25%</td></tr>
<tr><td>海拔（m）</td><td>2452</td><td>坡度（度）</td><td>40°</td><td>坡向</td><td>东偏南 30 度</td></tr>
<tr><td>土壤类型</td><td>红棕壤</td><td>土层厚度（m）</td><td colspan="3">>1m</td></tr>
<tr><td>下木</td><td colspan="3">侧柏、蜜蒙花</td><td>密度</td><td>5%</td></tr>
<tr><td>管护现状</td><td colspan="5">属狮子山景区风景林保护范畴</td></tr>
<tr><td>人为经营活动情况</td><td colspan="5">人活动频繁</td></tr>
<tr><td>目的保护树种</td><td colspan="5">干香柏</td></tr>
<tr><td>管护单位</td><td colspan="5">狮子山工作管理人员</td></tr>
<tr><td>保护建议</td><td colspan="5">1、相关管理部门要对其进行定期检查。2、禁止锯、砍树枝叶。按现有方式进行保护，避免人为因素的干扰。3、加强肥水管理、注意防火。</td></tr>
<tr><td>备注</td><td colspan="5"></td></tr>
</table>

丽江 55号 古树群调查表

云南省（区、市） 丽江市 （地、州） 古城 县（区、市）

<table>
<tr><td>地点</td><td>丽江狮子山</td><td>主要树种</td><td colspan="3">侧柏</td></tr>
<tr><td>四至界限</td><td colspan="5">从万古楼至木府山坡上</td></tr>
<tr><td>面积（m²）</td><td>20000</td><td>古树株数（株）</td><td colspan="3">67 株</td></tr>
<tr><td>林平均高度（m）</td><td>12</td><td>林平均胸径（cm）</td><td colspan="3">20.7</td></tr>
<tr><td>平均树龄（年）</td><td>80</td><td>郁闭度（%）</td><td colspan="3">40%</td></tr>
<tr><td>海拔（m）</td><td>2456</td><td>坡度（度）</td><td>40°</td><td>坡向</td><td>东偏南 30 度</td></tr>
<tr><td>土壤类型</td><td>红棕壤</td><td>土层厚度（m）</td><td colspan="3">>1m</td></tr>
<tr><td>下木</td><td colspan="3">蜜蒙花</td><td>密度</td><td>5%</td></tr>
<tr><td>管护现状</td><td colspan="5">属狮子山景区风景林保护范畴</td></tr>
<tr><td>人为经营活动情况</td><td colspan="5">人活动频繁</td></tr>
<tr><td>目的保护树种</td><td colspan="5">侧柏</td></tr>
<tr><td>管护单位</td><td colspan="5">狮子山工作管理人员</td></tr>
<tr><td>保护建议</td><td colspan="5">1、相关管理部门要对其进行定期检查。2、禁止锯、砍树枝叶。按现有方式进行保护，避免人为因素的干扰。3、加强肥水管理、注意防火。</td></tr>
<tr><td>备注</td><td colspan="5"></td></tr>
</table>

丽江 102 号 古树群调查表

云南省（区、市） 丽江市（地、州） 古城 县（区、市）

<table>
<tr><td>地点</td><td>丽江市第一中学</td><td>主要树种</td><td colspan="3">滇楸</td></tr>
<tr><td>四至界限</td><td colspan="5">南至篮球场，北至逸夫楼，西至后门，东至围墙</td></tr>
<tr><td>面积（m²）</td><td>60000</td><td>古树株数（株）</td><td colspan="3">16 株</td></tr>
<tr><td>林平均高度（m）</td><td>18</td><td>林平均胸径（cm）</td><td colspan="3">52.9</td></tr>
<tr><td>平均树龄（年）</td><td>140</td><td>郁闭度（%）</td><td colspan="3">60%</td></tr>
<tr><td>海拔（m）</td><td>2384</td><td>坡度（度）</td><td>0°</td><td>坡向</td><td>无</td></tr>
<tr><td>土壤类型</td><td>红棕壤</td><td>土层厚度（m）</td><td colspan="3">＞1m</td></tr>
<tr><td>下木</td><td colspan="3">大叶黄杨、松、樱桃、金竹、槐、叶子花、香椿</td><td>密度</td><td>5%</td></tr>
<tr><td>管护现状</td><td colspan="5">属丽江市第一中学绿化景观保护范畴</td></tr>
<tr><td>人为经营活动情况</td><td colspan="5">人活动频繁</td></tr>
<tr><td>目的保护树种</td><td colspan="5">滇楸</td></tr>
<tr><td>管护单位</td><td colspan="5">丽江市第一中学工作管理人员</td></tr>
<tr><td>保护建议</td><td colspan="5">1、及时进行挂牌保护，以防被破坏。2、有关部门采取相关措施，处理周边环境。3、改善树体生长条件，疏松土壤。4、围上树池，在树池内种上花草。5、加强水肥管理。6、定期对古树检查。在树顶上安装避雷针以防被雷击。</td></tr>
<tr><td>备注</td><td colspan="5"></td></tr>
</table>

丽江 149 号 古树群调查表

云南省（区、市） 丽江市（地、州） 玉龙 县（区、市）

地点	普济寺	主要树种	头状四照花		
四至界限	普济寺后院围墙内				
面积（m^2）	4500	古树株数（株）	10 株		
林平均高度（m）	19	林平均胸径（cm）	60		
平均树龄（年）	350	郁闭度（%）	85%		
海拔（m）	2541	坡度（度）	7°	坡向	北偏西 60 度
土壤类型	红棕壤	土层厚度（m）	＞1m		
下木	桃、金竹、小铁子			密度	2%
管护现状	属普济寺原生乔木，无专人管护				
人为经营活动情况	人活动频繁				
目的保护树种	头状四照花				
管护单位	无				
保护建议	1、在树下部设立明显的古树保护标牌，明确禁止在树皮、树根上进行刻画等破坏行为，禁止采摘果、叶。2、注意防火。3、当地管理部门要对其进行定期检查，及时清理、烧毁病虫枯死枝，减少病虫滋生条件。4、当地管理部门要定期进行施肥，保证其生长的营养供应。5、建议筑围池及围栏进行保护。				
备注					

丽江 211 号 古树群调查表

云南省（区、市） 丽江市（地、州） 古城县（区、市）

<table>
<tr><td>地点</td><td>丽江市地委党校</td><td>主要树种</td><td colspan="3">高山栲</td></tr>
<tr><td>四至界限</td><td colspan="5">党校院内</td></tr>
<tr><td>面积（m²）</td><td>4200</td><td>古树株数（株）</td><td colspan="3">64 株</td></tr>
<tr><td>林平均高度（m）</td><td>13</td><td>林平均胸径（cm）</td><td colspan="3">89.2</td></tr>
<tr><td>平均树龄（年）</td><td>150</td><td>郁闭度（%）</td><td colspan="3">20%</td></tr>
<tr><td>海拔（m）</td><td>2425</td><td>坡度（度）</td><td>7°</td><td>坡向</td><td>北偏西 85 度</td></tr>
<tr><td>土壤类型</td><td>红棕壤</td><td>土层厚度（m）</td><td colspan="3">＞1m</td></tr>
<tr><td>下木</td><td colspan="3">女贞、龙爪槐、紫叶李、月季、龙柏、滇厚壳</td><td>密度</td><td>10%</td></tr>
<tr><td>管护现状</td><td colspan="5">属单位绿化保护范畴</td></tr>
<tr><td>人为经营活动情况</td><td colspan="5">人活动频繁</td></tr>
<tr><td>目的保护树种</td><td colspan="5">高山栲</td></tr>
<tr><td>管护单位</td><td colspan="5">地委党校工作管理人员</td></tr>
<tr><td>保护建议</td><td colspan="5">1、及时进行挂牌保护，严禁破坏古树。2、及时清理枯死枝和病虫枝。3、改善树体生长条件，疏松土壤。4、围上树池，并在树池内种上花草。5、及时用水泥等填充物填补树洞。6、定期对古树检查。在树顶上安装避雷针以防被雷击。7、控制电线在古树 5 米以外</td></tr>
<tr><td>备注</td><td colspan="5"></td></tr>
</table>

丽江 212 号 古树群调查表

云南省（区、市） 丽江市（地、州） 古城县（区、市）

地点	丽江市地委党校	主要树种	高山栲		
四至界限	党校院外围墙外围墙外至民房				
面积（m^2）	3800	古树株数（株）	13 株		
林平均高度（m）	13	林平均胸径（cm）	89.2		
平均树龄（年）	150	郁闭度（%）	20%		
海拔（m）	2425	坡度（度）	7°	坡向	北偏西 85 度
土壤类型	红棕壤	土层厚度（m）	＞1m		
下木	柏木、干香柏、羊耳朵、滇杨、滇青冈、龙爪槐、紫叶李、昆明朴、云南黄素馨			密度	10%
管护现状	无人管护				
人为经营活动情况	一般				
目的保护树种	高山栲				
管护单位	无				
保护建议	1、及时进行挂牌保护，严禁破坏古树。2、及时清理枯死枝和病虫枝。3、改善树体生长条件，疏松土壤。4、围上树池，并在树池内种上花草。5、加强水肥管理。6、定期对古树检查。在树顶上安装避雷针以防被雷击。7、控制电线在古树 5 米以外。				
备注					

丽江 213 号 古树群调查表

云南省（区、市） 丽江市（地、州） 古城县（区、市）

地点	原丽江金沙江水运处	主要树种	高山栲		
四至界限	原水运处围墙内				
面积（m^2）	100000	古树株数（株）	53 株		
林平均高度（m）	14	林平均胸径（cm）	60.5		
平均树龄（年）	150	郁闭度（%）	60%		
海拔（m）	2422	坡度（度）	7°	坡向	北偏西 85 度
土壤类型	红棕壤	土层厚度（m）	＞1m		
下木	桃、滇楸、悬钩子、滇杨			密度	40%
管护现状	属单位绿化保护范畴				
人为经营活动情况	人活动频繁				
目的保护树种	高山栲				
管护单位	大研办事处相关人员				
保护建议	1、及时进行挂牌保护，严禁破坏古树。2、及时清理枯死枝和病虫枝。3、改善树体生长条件，疏松土壤。4、围上树池，并在树池内种上花草。5、加强水肥管理。6、定期对古树检查。在树顶上安装避雷针以防被雷击。7、控制电线在古树 5 米以外。				
备注					

丽江 240 号 古树群调查表

云南省（区、市） 丽江市 （地、州） 古城 县（区、市）

地点	束河三圣宫	主要树种	干香柏		
四至界限	束河三圣宫范围内				
面积（m²）	4000	古树株数（株）	15 株		
林平均高度（m）	19	林平均胸径（cm）	60.5		
平均树龄（年）	200	郁闭度（%）	＞70%		
海拔（m）	2454	坡度（度）	10°	坡向	东偏南 20 度
土壤类型	红棕壤	土层厚度（m）	＞1m		
下木	桃、沙针、干香柏、石楠、南天竹			密度	25%
管护现状	无人管理				
人为经营活动情况	人活动频繁				
目的保护树种	干香柏				
管护单位					
保护建议	1、及时进行挂牌保护，严禁破坏古树。2、及时清理枯死枝和病虫枝。3、改善树体生长条件，疏松土壤。4、建立树池和围栏，并在树池内种上花草。5、加强水肥管理。6、定期对古树检查。在树顶上安装避雷针以防被雷击。				
备注